U0239540

河南省“十二五”普通高等教育规划教材

机械原理实验教程

第2版

李安生　郭志强　李彦彦　主编
杜文辽　王国欣　周亚军　参编
郭瑞琴　主审

机械工业出版社

本书由机械原理认知、机构运动简图测绘、机构运动参数测定、齿轮展成原理、渐开线直齿圆柱齿轮参数测定、回转件平衡、机构组合与创新设计、“慧鱼”创意组合八个实验项目组成，基本上涵盖了目前普通工科院校开设的机械原理实验内容。在实验项目的编排上，本书力求在培养学生动手能力、机电一体化结合能力、创新能力等方面有所突破。每章开始均附有相应实验项目的说明，简要介绍实验内容、实验属性、适用范围及建议学时，每章最后附有实验报告。任课教师可根据不同专业的需求选择书中所列实验项目。

本书可作为普通高等院校机械类及近机械类专业“机械原理”课程的配套实验教材，也可供其他相关专业的师生和工程技术人员参考。

图书在版编目（CIP）数据

机械原理实验教程/李安生，郭志强，李彦彦主编. —2 版. —北京：机械工业出版社，2022.7（2023.12 重印）
河南省“十二五”普通高等教育规划教材
ISBN 978-7-111-70556-7

Ⅰ.①机… Ⅱ.①李…②郭…③李… Ⅲ.①机械原理－实验－高等学校－教材 Ⅳ.①TH111－33

中国版本图书馆 CIP 数据核字（2022）第 061160 号

机械工业出版社（北京市百万庄大街 22 号　邮政编码 100037）
策划编辑：赵亚敏　　　　责任编辑：赵亚敏
责任校对：肖　琳　张　薇　封面设计：张　静
责任印制：张　博
北京建宏印刷有限公司印刷
2023 年 12 月第 2 版第 2 次印刷
184mm×260mm · 9.5 印张 · 2 插页 · 207 千字
标准书号：ISBN 978-7-111-70556-7
定价：32.00 元

电话服务
客服电话：010-88361066
010-88379833
010-68326294

网络服务
机　工　官　网：www.cmpbook.com
机　工　官　博：weibo.com/cmp1952
金　书　网：www.golden-book.com
机工教育服务网：www.cmpedu.com

第 2 版前言

“机械原理”课程是我国高等工科院校中机械类、近机械类各专业必修的一门技术基础课。根据教学大纲的要求，实验是该课程重要的实践教学环节。通过实验，学生可加深对课程基本概念、基本理论的理解，从而为专业课程的学习提供必要的知识储备。

根据目前工科院校实验室设备情况，第 2 版书中仍然保留了涵盖普通工科院校开设的机械原理实验项目，即机械原理认知、机构运动简图测绘、机构运动参数测定、齿轮展成原理、渐开线直齿圆柱齿轮参数测定、回转件平衡、机构组合与创新设计、“慧鱼”创意组合八个实验项目，同时根据实验设备的变化，对实验内容进行了较大更新，具体如下。

1. 对部分章节内容进行了更新：第二章更新了实验案例，第四章增加了不同类型的范成仪，第六章增加了目前工业应用中主流的智能动平衡机，第七章内容也做了较大取舍，并对第 1 版教材在使用过程中发现的问题进行了修订。

2. 增加了视频内容：第八章增加了教学及创新实验作品设计过程视频等。

3. 在实验项目编排上努力做到传统实验与创新实验相结合，单一实验与综合实验相结合，力求在培养学生动手能力、创新能力等方面有所突破。

4. 每章开始均附有对实验项目的说明，简要介绍实验内容、实验属性、适用范围及建议学时，每章最后附有实验报告。任课教师可根据不同专业的教学需求选择书中所列实验项目。

本书第一 ~ 三章由郑州轻工业大学郭志强编写，第四 ~ 六章由郑州轻工业大学李安生编写，第七章和第八章由郑州轻工业大学李彦彦编写。参与第 1 版编写的杜文辽、王国欣、周亚军老师无私地提供了原始素材。全书由郑州轻工业大学李安生统稿。

本书承蒙同济大学郭瑞琴高级工程师精心审阅，并对本书的修订提供了很多宝贵意见，特致以衷心感谢。

本书的编写得到了郑州轻工业大学、河南科技大学、黄河科技学院等院校教务及教材部门的大力支持，相关任课老师也对教材提出了很多宝贵意见，在此深表感谢。同时在编写过程中，编者参阅了多家设备生产厂商编制的设备说明书等技术资料，在此一并表示感谢。

由于编者水平所限，书中难免有不妥之处，敬请广大读者批评指正。

编　者

第 1 版前言

“机械原理”课程是我国高等工科院校中机械类、近机械类各专业必修的一门技术基础课。根据课程教学大纲的要求，实验是课程重要的实践教学环节。通过实验教学，学生可加深对课程基本概念、基本理论的理解，为专业课程的学习提供必要的知识储备。

近年来，“机械原理”课程的实验设备、方法和手段均有很大变化，《机械原理课程教学大纲》对实验的要求较以往也有较大改变。根据目前工科院校实验室设备情况，书中选入了机械原理认知、机构运动简图测绘、机构运动参数测定、齿轮展成原理、渐开线直齿圆柱齿轮参数测定、回转件平衡、机构组合与创新设计、“慧鱼”创意组合等八个实验项目，基本上涵盖了目前普通工科院校开设的机械原理实验。在实验项目编排上，努力做到传统实验与新型实验相结合，单一实验与综合实验相结合，力求在培养学生动手能力、创新能力等方面有所突破。每个实验项目前面均附有说明，简要介绍实验内容、实验属性、选用范围及建议学时，任课教师可根据不同专业的需求选择书中所列实验项目。

本书第一章、第七章由郑州轻工业学院杜文辽编写，第二章 1 ~3 节由河南科技大学尹中伟编写，第二章 4 ~7 节由河南科技大学王国欣编写，第三章 1 ~4 节由河南科技大学郭淑芳编写，第三章 5 ~7 节由黄河科技学院周亚军编写，第四章由河南工业大学雷辉编写，第五章由河南工业大学朱红瑜编写，第六章 1 ~3 节由郑州轻工业学院王良文编写，第六章 4 ~7 节、第八章由郑州轻工业学院李安生编写。全书由郑州轻工业学院李安生统稿。

本书承蒙同济大学郭瑞琴副教授精心审阅，提出了很多宝贵意见，特致以衷心感谢。

本书的编写得到了郑州轻工业学院、河南工业大学、河南科技大学、黄河科技学院等院校教务及教材部门的大力支持，上述院校的相关任课老师也对教材提出了很多宝贵意见，在此深表感谢。同时在编写过程中参阅了多家教学设备生产厂商编制的设备说明书等技术资料，在此一并表示感谢。

由于编者水平所限，书中错误和不当之处在所难免，敬请广大读者批评指正。

编　者

目 录

第一章

机械原理认知实验

说 明

* 本实验项目为机械原理课程的认知环节，基本包含了教材讲授的所有机构，对学生了解各种机构的组成及应用情况、增强对机构与机器的感性认识很有帮助。

* 建议不占用课内实验学时，而安排在任课教师带领学生进行现场教学或学生进行课外科技活动的时间较好。

一、实验目的

1）了解机械原理课程所研究的各种常用机构的类型、特点及其应用。

2）增强对机构与机器的感性认识。

3）了解各种机构的组成及应用情况。

4）通过对实物模型和机构的观察，使学生认识到：机器是由一个机构或几个机构按照一定的运动要求组合而成的。

二、实验内容

本实验通过具体的实物和模型，展示了机械原理课程中的各种机构及其转化形式。

为配合机械原理课程的学习，增强对机构与机器的感性认识而设置了“机构认知实验”，采用西安交通大学教具厂生产的 SJ—10D 机构学电动示教板。该示教板是根据机械原理教学大纲而设计制作的现代化教学设备，全套共有 10 个板面，陈列顺序为运动副、连杆机构、平面连杆机构的应用、凸轮机构、齿轮机构、齿廓的形成及齿轮参数、周转轮系、间歇运动机构、组合机构、空间连杆机构。

下面分别介绍各部分的内容。

1. 运动机构和运动副

（1）运动机构　以内燃机、蒸汽机和缝纫机为例，简要介绍运动机构，有关内容如图 1-1所示。

1）内燃机模型。内燃机的功能是将燃油燃烧的热能通过曲柄滑块机构转换成曲轴转动

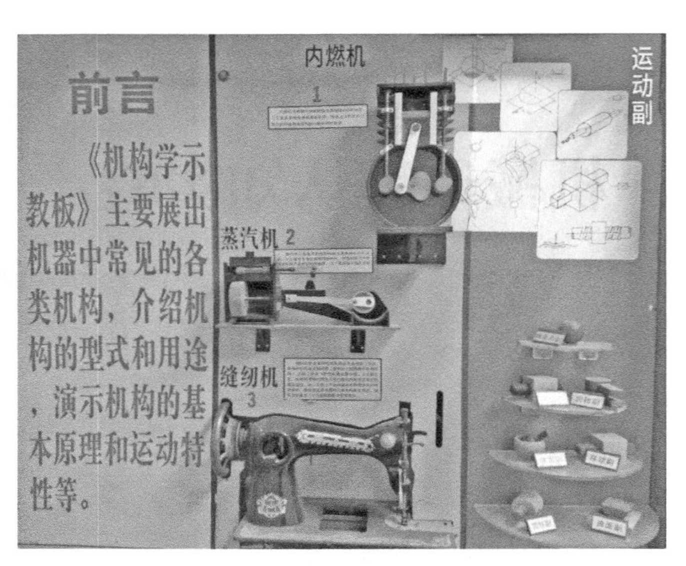

图 1-1　运动副展示板

的机械能。该机采用了四组曲柄滑块机构配合工作，以增加输出功率和运转平稳性；采用齿轮机构来控制各气缸的点火时间；采用凸轮机构来控制进气阀和排气阀的开与关，其配气机构如图 1-2 所示。

2）蒸汽机模型。蒸汽机也采用了曲柄滑块机构，将蒸汽的热能转换为曲柄转动的机械能，它用连杆机构来控制进气和排气的方向，以实现正、反转。

3）缝纫机模型。为了达到缝纫目的，采用了多种机构相互配合来实现这一工作要求。例如：针的上下运动是由曲柄滑块机构实现的；提线动作是由圆柱凸轮机构来完成的；送布运动是由几组凸轮相互配合来实现的。图 1-3 所示为其部分机构简图。

以上三种机器有一个共同的特点，就是都由几个机构按照一定的运动要求互相配合组成。

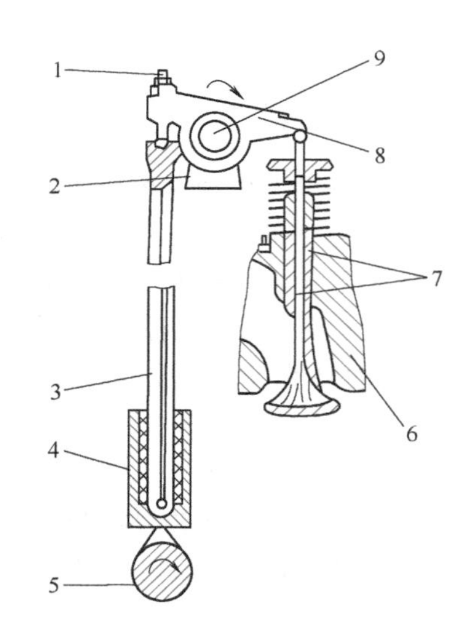

图 1-2　内燃机配气机构

1—调整螺栓　2—摇臂轴支架　3—摆杆　4—挺杆　5—凸轮轴　6—缸盖　7—气门、气门导杆　8—摇臂　9—摇臂轴

（2）运动副　展示板圆盘中展示的是部分运动副。运动副就是指两个构件之间的活动连接，它们是机构的主要组成部分之一。在“机械原理”课程中，运动副以运动特征或外形命名，例如，球面副、螺旋副、曲面副、移动副等。

2. 连杆机构

平面连杆机构是被广泛应用的机构之一，这里（图 1-4）展示了曲柄摇杆机构、双曲柄机构、双摇杆机构、曲柄滑块机构、曲柄摇杆机构、转动导杆机构、导杆机构、曲柄移动导杆机构、双滑块机构、双转块机构。

连杆机构的基本形式分为以下三大类。

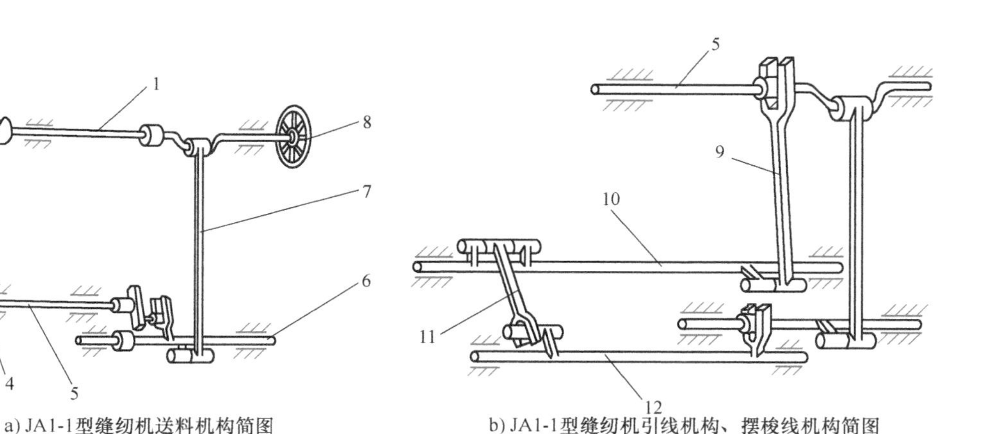

a) JA1-1型缝纫机送料机构简图　　b) JA1-1型缝纫机引线机构、摆梭线机构简图

图 1-3　JA1-1 型缝纫机机构简图

1—上轴　2—小连杆　3—针杆　4—机架　5—下轴　6—摆轴　7—大连杆　8—带轮　9—牙叉　10—送布轴　11—牙架　12—抬牙轴

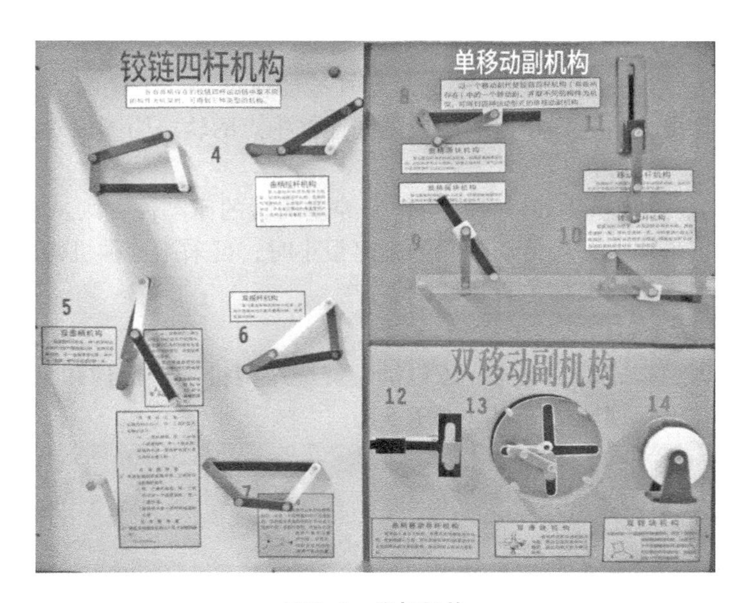

图 1-4　连杆机构

（1）铰链四杆机构　铰链四杆机构有以下三种运动形式。

1）当四杆机构杆之间的长度满足杆长条件，若取与最短杆相邻的杆为机架，而这时最短杆如能够做整周回转，则这种机构称为曲柄摇杆机构。

2）当取最短杆为机架，这时与机架相连的两杆均成为曲柄，所以该机构称为双曲柄机构。当一个曲柄等速转动，另一个曲柄具有在一个半周内转动慢、在另一个半周内转动快的现象时，称为急回特性。

3）当取最短杆对边的杆为机架，则与机架相连的两杆均不能做整周回转，而只能来回摆动，这种机构称为双摇杆机构。

上述各种机构，都由一个铰链四杆运动链组成，在满足杆长条件下，取不同的构件为机架，可以得到铰链四杆机构的三种不同运动形式。这种研究机构的方法在“机械原理”课程中称为“倒置”。另外还有一种双摇杆机构，从外表看它与上述的铰链四杆机构相似，但它们之间杆的长度不满足杆长条件，因此无论如何倒置均没有曲柄出现。

（2）单移动副机构　这是一类带有一个移动副的四杆机构，它是以一个移动副代替铰链四杆机构中的一个转动副经演变后得到的，简称为单移动副机构。

1）曲柄滑块机构是应用得最多的一种单移动副机构。它可以将转动变为往复移动，或将往复移动转变为转动。但是，当曲柄匀速转动时，滑块的运动则是非匀速的。再把机构倒置，还可以得到不同运动形式的单移动副机构——曲柄摇块机构。

2）当杆状构件与块状构件组成移动副时，若其杆状构件做整周转动，称其为转动导杆，这个机构称为转动导杆机构；若其杆状构件做非整周转动，称其为摆动导杆，这个机构称为摆动导杆机构；若其杆状构件做移动，称其为移动导杆，这个机构称为移动导杆机构。

（3）双移动副机构　这类机构的基本形式是带有两个移动副的四连杆机构，简称双移动副机构。把它们倒置，可得到以下三种形式的四连杆机构。

1）曲柄移动导杆机构。这种机构的导杆做简谐移动，所以又称为正弦机构。它常用于仪器仪表中。

2）双滑块机构。在该机构连杆上的一点，其运动轨迹是一个椭圆，所以称为画椭圆机构。在此机构上，除滑块与连杆相连的两铰链和连杆中点的轨迹为圆以外，其余所有点的轨迹均为椭圆。

3）双转块机构。这种机构如以一转块作为等速回转的原动件，则从动转块也做等速回转，而且转向相同。当两个平行传动轴间的距离很小时，可采用这种机构。因此，这种机构通常作为联轴器使用，所以又称为滑块联轴器。

3. 平面连杆机构的应用

这部分内容以颚式破碎机、飞剪、压包机、铸造造型机翻转机构和泵等实际机械为例，讲解平面连杆机构在工程现场的应用（图 1-5）。

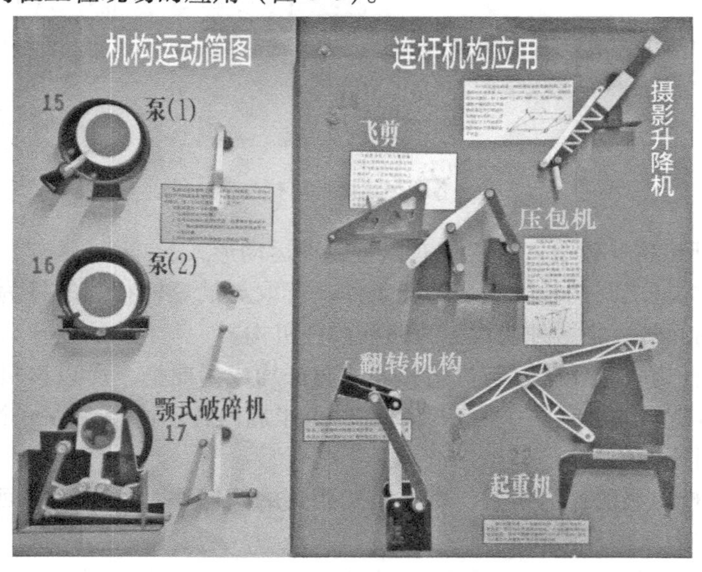

图 1-5　平面连杆机构的应用

（1）平面连杆机构工程现场应用示例

1）油泵模型（1）如图 1-5 中泵（1）所示，其示意图和机构简图如图 1-6 和图 1-7 所示。该机构的原动件为偏心轮 2，起着曲柄的作用；连杆 3 及转块 4 为从动件。偏心轮 2 相对机架 1 绕 O 点回转，并通过转动副连接带动连杆 3 运动。连杆 3 既有往复移动，又有相对转动，转块 4 相对机架做往复转动。通过分析可知，该机构共有 3 个活动构件和 4 个低副（3 个转动副、1 个移动副）。

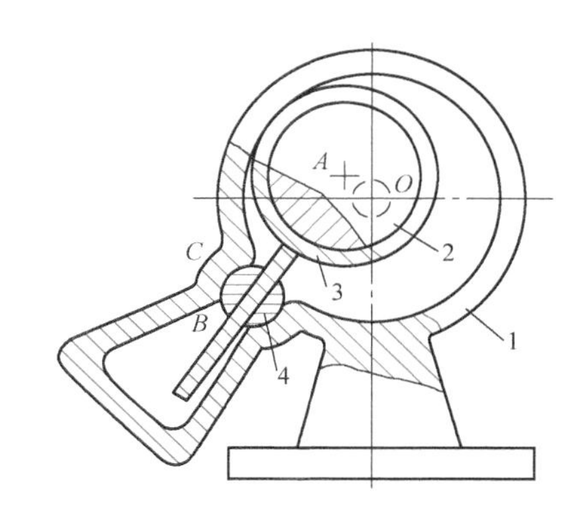

图 1-6　回转偏心泵示意图

1—机架　2—偏心轮　3—连杆　4—转块

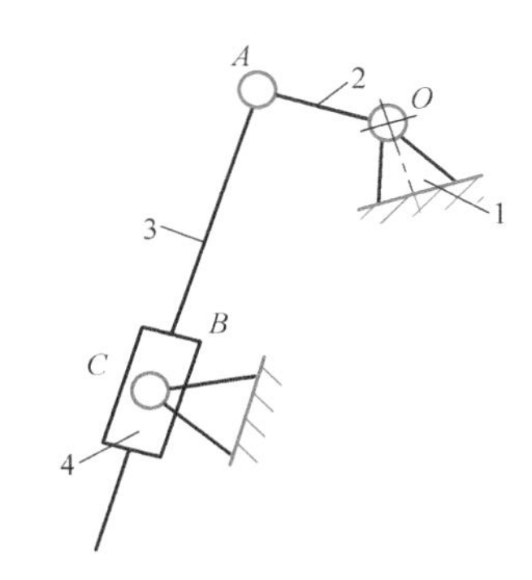

图 1-7　回转偏心泵机构简图

1—机架　2—偏心轮　3—连杆　4—转块

2）油泵模型（2）如图 1-5 中泵（2）所示。它的工作原理与油泵模型（1）一样，要着重弄清它的工作原理和运动情况，以及它有几个构件和什么形式的运动副。

3）颚式破碎机。它是一个平面六杆机构，常用来粉碎矿石。

（2）平面连杆机构的应用

1）第一类应用是实现给定的运动规律。

① 飞剪。图 1-8 所示的飞剪用于冷轧厂带钢自动连续剪切线上。剪切钢板的工艺要求是：在剪切区域内，上下两个切削刃在水平方向上的运动分速度应相等，而且又等于钢板的运行速度。这里采用了曲柄摇杆机构。该机构很巧妙地利用了连杆上一点的轨迹和摇杆上一点的轨迹相配合而完成剪切工作。该机构很简单，却完成了较复杂的运动要求。

② 压包机。它要求冲头在完成一次压包冲程后有一段停歇时间，以便于进行上下料工作。冲头滑块在最上端位置时可以看到有一段停歇时间。

③ 铸造造型机翻转机构。它是一个双摇杆机构，当砂箱在振动台上造型振实后，利用该机构的连杆将砂箱由下面经过 180°的翻转搬运到上面的位置，然后取模，完成一次造型工艺。该机构可实现两个连杆给定的不同位置。

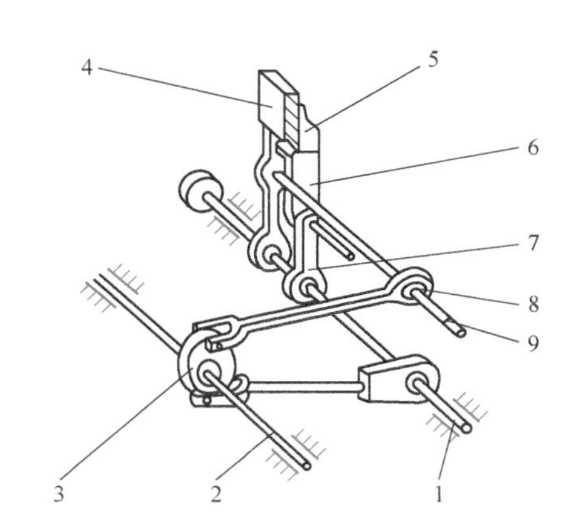

图 1-8　摆式飞剪机构简图

1—主轴　2—轴　3—摆杆　4—上切削刃　5—上切削刃导轨　6—下切削刃　7—下刀架　8—中间轴铰链　9—中间轴

④ 电影摄影升降机。摄影机的工作台要求在升降过程中，始终保持原有的水平位置。这是采用了一个平行四边形机构，工作台设在它的连杆上，这样就保证了工作台在升降过程中始终保持水平位置。

2）第二类应用是实现给定的运动轨迹。例如：港口起重机，它是一个双摇杆机构。在连杆上的某一点有一段近似直线的轨迹，起重机的吊钩就是利用这一直线轨迹，使重物做水平移动，避免不必要的升高运动而消耗能量。

4. 凸轮机构

凸轮机构主要有盘形凸轮机构、移动凸轮机构、槽凸轮机构、等宽凸轮机构、等径凸轮机构、主回凸轮机构、球面凸轮机构、圆锥凸轮机构、圆柱凸轮机构（图 1-9）。

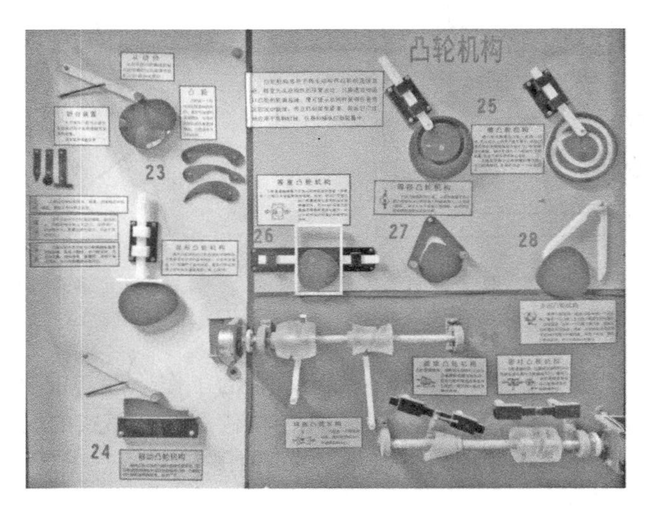

图 1-9　凸轮机构

凸轮机构常用于将主动构件的连续运动转变为从动构件的往复运动。只要适当地设计凸轮廓线，便可使从动构件获得任意的运动规律。由于凸轮机构简单而紧凑，因此，它广泛地应用于各种机械、仪器和操纵控制装置中。

（1）凸轮机构的主要组成部分　凸轮机构主要由以下三部分组成。

1）凸轮。它有特定的廓线。如果凸轮的外形像一个盘形，就称之为盘形凸轮。

2）从动件。从动件由凸轮廓线控制着按预期的运动规律做往复移动或摆动。从动件端部的结构形式有尖端、滚子、平底和曲面四种。

3）锁合装置。锁合装置是为了使凸轮与从动件在运动过程中始终保持接触而采用的装置，常采用弹簧装置来实现。

（2）凸轮机构的类型

1）按凸轮的形状分类。

① 盘形凸轮机构，机构简单、设计容易、制造方便，所以应用很广。

② 移动凸轮机构，凸轮做直线往复移动，它可看成是转轴在无穷远处的盘形凸轮，结构简单，应用面广。

2）按锁合方式分类。

① 力锁合凸轮机构是指利用重力、弹簧力或其他外力使从动件与凸轮始终保持接触的

凸轮机构。

② 结构锁合凸轮机构是指利用凸轮和从动件的高副几何形状，使从动件与凸轮始终保持接触的凸轮机构。

常用的结构锁合凸轮机构有以下几种：

槽凸轮机构。从动件端部嵌在凸轮的沟槽中以保证从动件的运动。这种形式的锁合方式最简单，并且从动件的运动规律不受限制；缺点是增大了凸轮机构的尺寸及不能采用平底从动件。

等宽凸轮机构。凸轮的宽度始终等于平底从动件框架的宽度，因此凸轮与平底可始终保持接触。

等径凸轮机构。在任何位置时从动件两滚子中心到凸轮转动中心的距离之和等于一个定值。

主回凸轮机构。这是用两个固定在一起的盘状凸轮来控制一个从动件的凸轮机构。这两个凸轮中的一个称为主凸轮，它控制从动件的工作行程；另一个称为回凸轮，它控制从动件的回程。

3）按凸轮轮廓曲线方式分类。

① 平面凸轮机构。它的凸轮和从动件的运动平面互相平行。

② 空间凸轮机构。它的凸轮和从动件的运动平面不是互相平行的。

空间凸轮机构一般根据它们的外形命名，主要有球面凸轮、双曲面凸轮、圆锥凸轮、圆柱凸轮。它们有一个共同的特点是，当取移动从动件时，移动从动件沿凸轮机构母线方向运动。

球面凸轮机构。它也是空间凸轮机构，该凸轮是圆弧回转体，它的母线是一条圆弧，一般都取摆动从动件，从动件的摆动中心就是母线圆弧的中心。

圆柱凸轮。在设计和制造方面都比其他空间凸轮简单，所有空间凸轮机构中，以圆柱凸轮机构用得最多。

5. 齿轮机构

齿轮机构是现代机械中应用最广泛的一种传动机构。它具有传动准确可靠、运转平稳、承载能力大、体积小、效率高等优点，广泛应用于各种机器中。根据轮齿的形状不同，齿轮分为直齿圆柱齿轮、斜齿圆柱齿轮、锥齿轮及蜗轮蜗杆。根据主、从动轮的两轴线相对位置，齿轮传动分为平行轴传动、相交轴传动、交错轴传动三大类，如图 1-10 所示。

上述齿轮机构中，外啮合直齿圆柱齿轮机构、内啮合直齿圆柱齿轮机构、齿轮齿条机构、斜齿圆柱齿轮机构、人字齿轮机构、直齿锥齿轮机构、曲线齿锥齿轮机构是最常用的传动机构。

（1）平行轴齿轮传动

1）外啮合直齿圆柱齿轮机构。它是齿轮机构中最简单、最基本的一种类型。一般以它为研究重点，从中找出齿轮传动的基本规律，并以此为指导去研究其他类型的齿轮机构。

2）内啮合直齿圆柱齿轮机构。它的主、从动齿轮之间转向相同，在同样的传动比情况下所占空间小。

3）齿轮齿条机构。它主要用在将转动变为直线移动或者将移动变为转动的场合。

4）斜齿圆柱齿轮机构。它的轮齿沿螺旋线的方向排列在圆柱体上。螺旋线方向有左旋

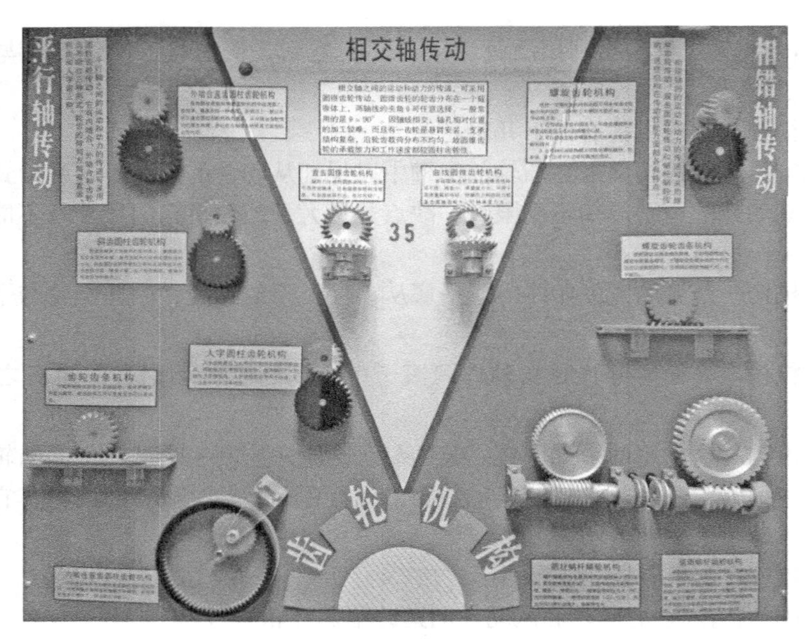

图1-10　齿轮机构

和右旋。斜齿圆柱齿轮的传动特点是传动平稳、承载能力高、噪声小。由于轮齿倾斜而产生轴向力，因此使轴承受到附加的轴向推力。

5）人字齿轮机构。它可看作由具有左右两排对称形状的斜齿轮组成的齿轮。因轮齿左右两侧完全对称，所以两个轴向力互相抵消。人字齿轮传动常用于冶金、矿山等设备的大功率传动场合。

（2）相交轴齿轮传动　传递两相交轴之间运动的锥齿轮机构。它的轮齿分布在一个圆锥体上，而两轴线的夹角 θ 可任意选择。但是，一般最常用的夹角为90°。因轴线相交，两轴孔相对位置加工难以达到高精度，而且齿轮是悬臂安装，故锥齿轮的承载能力和工作速度都比圆柱齿轮低。

1）直齿锥齿轮机构，它制造容易，应用较广。

2）曲线齿锥齿轮机构，它比直齿锥齿轮传动平稳、噪声小、承载能力大，可用于高速重载的传动。

（3）交错轴齿轮传动　传递交错轴运动和动力的齿轮机构，它有以下几种形式。

1）螺旋齿轮机构。它是由螺旋角不同的两个斜齿轮配对组成的，理论上两齿面为点接触，所以轮齿易磨损，效率低，不宜用于大功率和高速的传动。

2）螺旋齿轮齿条机构。它的特点与螺旋齿轮机构相似。

3）圆柱蜗杆蜗轮机构。两轴的夹角为90°，其特点是传动平稳、噪声小、传动比大，一般单级传动比为8～100，结构紧凑。

4）弧面蜗杆蜗轮。弧面蜗杆的外形是圆弧回转体。蜗杆与蜗轮的接触齿数较多，降低了齿面的接触应力，其承载能力为普通圆柱蜗杆传动的1.4～4倍。但是制造复杂，装配条件要求较高。

6. 齿廓的形成及齿轮参数

齿轮轮廓线中渐开线、摆线的形成以及渐开线齿轮的基本参数如图1-11所示。在这一展示板中，通过齿轮基本参数来介绍一些齿轮的基本知识。在板面的上方有齿轮模型和齿轮图，将两者比较一下可以看出，图上的一些尺寸在齿轮实物上是很难表示出来的，故应了解齿轮实物上哪些尺寸是看得到量得出的。

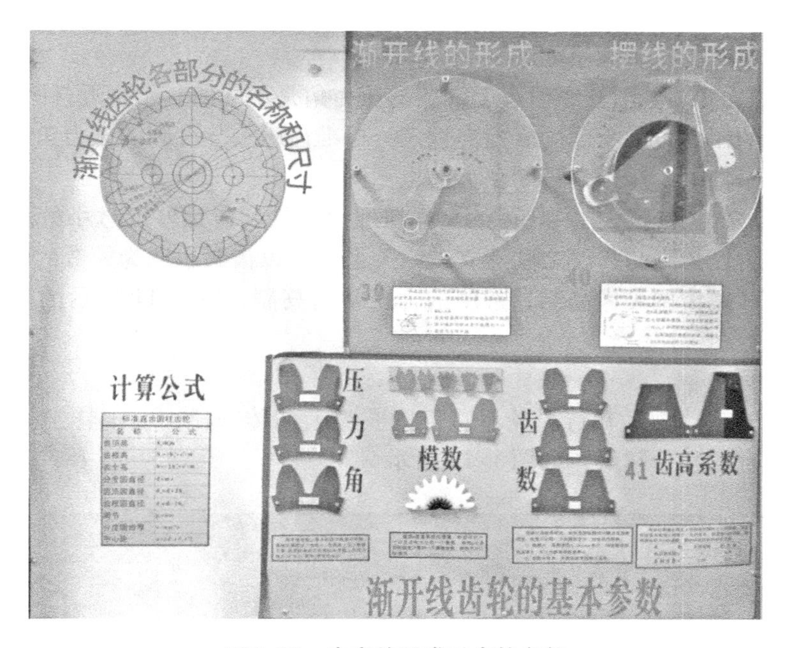

图1-11 齿廓的形成及齿轮参数

（1）渐开线的形成和性质 以一条直线沿一个圆周做纯滚动时，直线上任一点 K 的轨迹，称为该圆的渐开线。这条直线称为发生线，这个圆称为基圆。观察发生线、基圆、渐开线这三者的关系，从而可得到渐开线的一些性质。

1）渐开线的形状取决于基圆的大小。

2）发生线是渐开线的法线，而且切于基圆。

3）基圆内无渐开线。

4）发生线沿基圆滚过的长度，等于基圆上被滚过的圆弧长度。

（2）摆线的形成 一个圆在另一个固定的圆上滚动时，滚圆上任一点的轨迹就是摆线。滚圆称为发生圆，固定圆称为基圆，它们有以下几种情况：

1）动点在滚圆的圆周上时，所得的轨迹称为外摆线。

2）动点在滚圆的圆周内时，所得的轨迹称为短幅外摆线。

3）动点在滚圆的圆周外时，所得的轨迹称为长幅外摆线。

4）如果滚圆在基圆内滚动时，滚圆上一点所画的轨迹称为内摆线。

（3）渐开线齿轮的基本参数 为了定量地确定齿轮各部分的尺寸，需要规定若干个基本参数。对于标准齿轮，其基本参数规定有齿数 z、模数 m、分度圆压力角 α、齿顶高系数 $h_a^*=1$ 和顶隙系数 $c^*=0.25$（正常齿制），而这些参数已有国家标准。

1）齿数。若保持齿轮传动的中心距不变，增加齿数能增大重合度，改善传动的平稳性，减小模数，降低齿高，故可减少金属切削量，节约制造成本。齿高小还能减小滑动速度，从而减小磨损及胶合的危险性。但在这种情况下，轮齿弯曲强度变小。同时为防止根切，齿数应大于发生根切时的齿数，因而一般小齿轮齿数在 20 左右。

2）模数 m。它等于两齿间的距离，即齿距 p 被 π 除得到的值。它是确定轮齿的周向尺寸、径向尺寸以及齿轮大小的一个参数，也是齿轮强度计算的一个重要参数。模数的系列已标准化。不同模数时的轮齿大小如图 1-11 所示。

3）分度圆压力角 α。渐开线齿廓上各点的压力角是不同的。越接近基圆，压力角越小，渐开线在基圆上的压力角为零。国家标准规定，标准齿廓上分度圆的压力角为标准值。在模数和齿数相同的条件下，压力角不同，齿形也不同。

4）齿顶高系数和顶隙系数。轮齿的高度在理论上受到齿顶厚度过小的限制。由于齿厚是模数的函数，为使齿高与齿厚之间建立一定关系，所以齿高也取为模数的函数。国家标准中规定了正常齿和短齿两种齿高制，常用的为正常齿高制，图 1-11 所示的是两种齿高轮齿高度的比较情况。

7. 周转轮系

周转轮系中的差动轮系和行星轮系，可以获得大的传动比，实现特定的运动和分路传动，以及运动的合成和分解等，如图 1-12 所示。

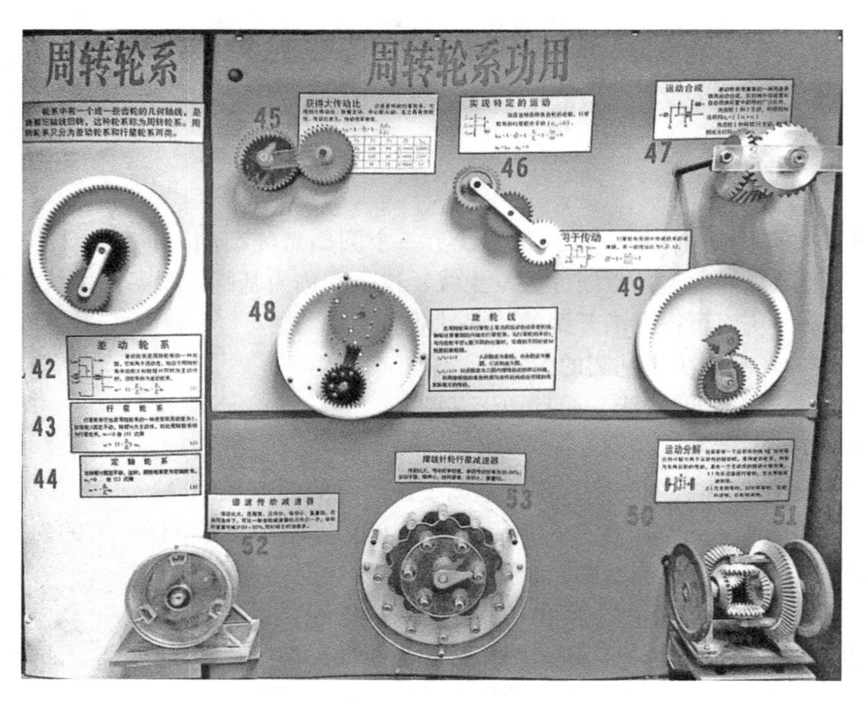

图 1-12　周转轮系

（1）周转轮系的概念和分类　当多对齿轮组成一个传动系统成为轮系时，在轮系中有一个或一个以上的齿轮，其几何轴线绕位置固定的轴线回转，这种轮系称为周转轮系，如图 1-13 所示。周转轮系分为以下两大类。

1）差动轮系。如果转动周转轮系中大齿轮 3 和转臂 H 都是主动件，则它有两个自由度，这种周转轮系称为差动轮系，如图 1-13a 所示。

2）行星轮系。如果把大齿轮 3 固定不动，机构的自由度为 1，此时周转轮系称为行星轮系，如图 1-13b 所示。

如果把周转轮系中的转臂 H 固定不动，这时周转轮系就变为定轴轮系。

周转轮系的形式很多，各种类型都有其优点和缺点。具体使用时应该发挥每种类型的优点，同时避开它的缺点。

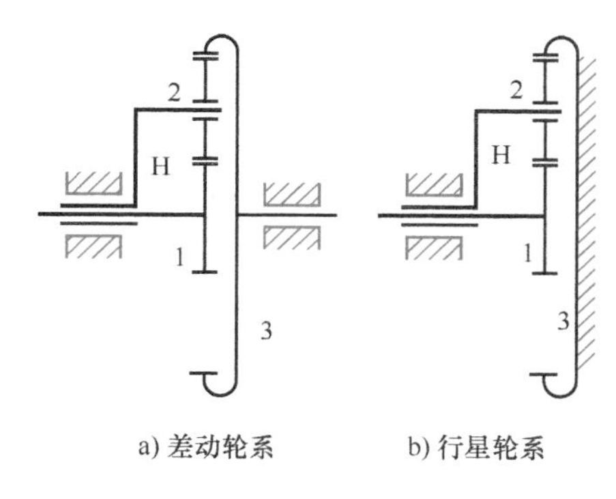

图 1-13　周转轮系机构简图

（2）周转轮系的优点

1）由外啮合齿轮组成的行星轮系，当每一对啮合齿轮采用少齿差时，可获得很大的传动比，如图 1-14 所示，其传动比为 $i_{1H}=1-\frac{z_2z_3}{z_1z_2'}$。例如，当 $z_1=100$ 时，每对齿轮齿数相差 1 时可得到的传动比为 10000；齿数差为 2 时，传动比为 2500。这种结构的行星轮系，传动比越大，传动效率越低。

2）一些特殊的周转轮系可实现一些特定的运动。例如，采用三个大小相等的齿轮串联起来组成的一个行星轮系，当太阳轮转动时行星轮做平动。

3）差动轮系可将一个运动分解为两个运动，同样也可以将两个运动合成为一个运动。运动的合成在机构补偿装置和自动调速装置中都得到了广泛应用，如图 1-15 所示。

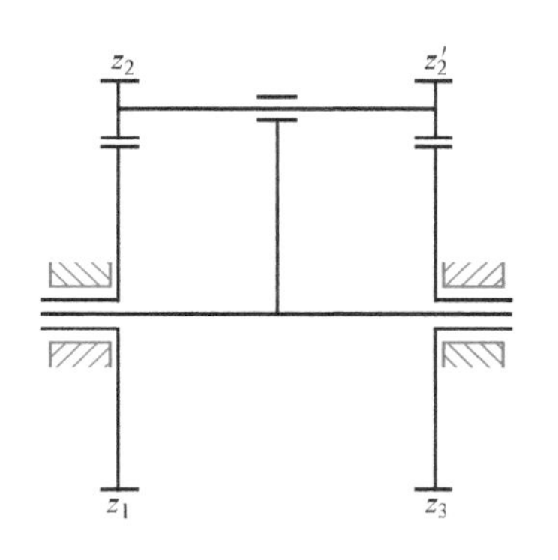

图 1-14　少齿差行星轮系机构

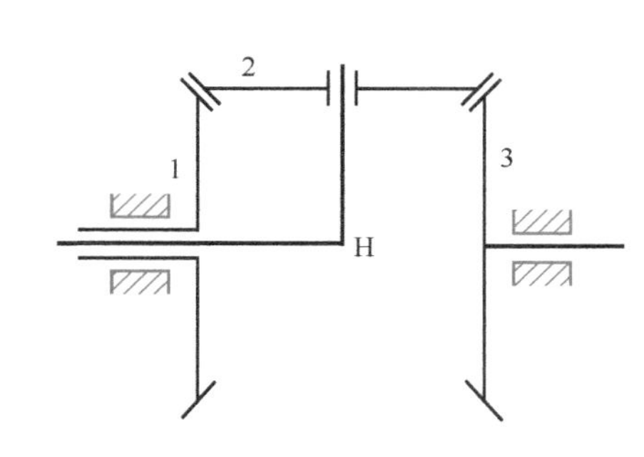

图 1-15　差动轮系机构

当齿轮 1 和齿轮 3 主动时，得到加法机构 $n_H=\frac{1}{2}(n_1+n_3)$，即运动合成；当齿轮 1 和转臂 H 主动的，则得到减法机构 $n_3=2n_H-n_1$，即运动分解。

4）旋轮线应用。在周转轮系中，行星轮上某点的运动轨迹称为旋轮线。在内啮合行星轮系中，当行星轮的半径与内齿轮半径的比值取不同数值时，可得到不同形状和性质的旋轮线，与连杆机构组合，可实现一些特定轨迹的运动。

5）行星减速器适合于传递功率。它的结构紧凑，效率也不低，其一级传动比为1.2～

12。图1-12所示的行星轮系的传动比为7。

6）当需要将一个主动件的转动按所需比例分解为两个从动件的转动时，可采用差动轮系。如汽车后轮的差速传动装置，当汽车沿直线行驶时，左右两轮转速相等；当汽车转弯时，如向左转弯，左轮转动慢，右轮转动快。

（3）减速器

1）谐波齿轮减速器。其最大的特点是它有一个柔轮（柔轮是一个弹性元件，利用它的变形来实现传动），其传动比的计算方法与周转轮系相似；它的特点是传动比大、元件少、体积小，同时啮合的轮齿多；在相同条件下比一般齿轮减速器的元件少一半，体积和质量可减少30%~50%。

2）摆线针轮行星传动减速器。这种减速器有体积小、质量轻、承载能力大、效率高、工作平稳等优点。

8. 间歇运动机构

机械中经常需要某些构件产生周期性的运动和停歇，这种运动的机构称为间歇运动机构，如图1-16所示。下面介绍各种间歇运动机构。

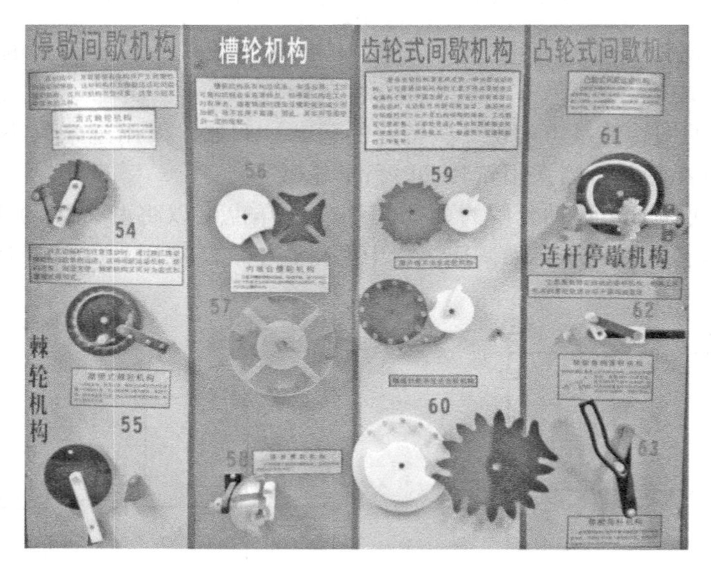

图1-16　间歇运动机构

间歇运动机构的种类很多，各有特点，下面分别介绍齿式棘轮机构、摩擦式棘轮机构、外啮合槽轮机构、内啮合槽轮机构、球面槽轮机构、渐开线不完全齿轮机构、摆线针轮不完全齿轮机构、凸轮式间歇运动机构、间歇曲柄连杆机构和间歇导杆机构等。

（1）棘轮机构　棘轮机构的结构简单、制造方便，所以应用较广。棘轮机构有齿式和摩擦式等形式。

1）齿式棘轮机构。它运动可靠、结构简单，棘轮运动角只能作有级调整，回程时棘爪在齿面上滑行，引起噪声和齿尖磨损，所以一般只能用于低速和传动精度要求不高的场合。

2）摩擦式棘轮机构。它的结构简单、制造方便，棘轮运动角可作无级调整。摩擦传动棘爪与轮接触的过程中无噪声、传动平稳，但很难避免打滑，因此运动的准确性较差，常用于超越离合器。

（2）槽轮机构 槽轮机构具有结构简单、制造容易、工作可靠和机械效率高等特点。但是槽轮机构在工作时有冲击，随着转速的增加及槽轮数的减少而加剧，故不宜用于高速，适用范围受到一定限制。槽轮机构分为外啮合和内啮合两种形式。

1）外啮合槽轮机构。它是槽轮机构中用得最多、适用范围最广的一种间歇机构。

2）内啮合槽轮机构。当要求槽轮机构停歇时间短，传动较平稳，减少机构空间尺寸和要求槽轮机构主、从动件转动方向相同时，可采用内啮合槽轮机构。

上述两种槽轮机构，都是传递平行轴之间的运动。还有传递两相交轴之间运动的槽轮机构。如图 1-16 中所示的球面槽轮机构，该槽轮做成了半球形。

（3）齿轮式间歇运动机构 这是渐开线不完全齿轮机构。各种不同齿轮式间歇运动机构都是由齿轮机构演变而成的，它的外形特点是轮齿不布满整个分度圆周，其从动轮的运动时间与停歇时间之比不受机构结构的限制，工位数可任意配置。但从动轮在进入啮合时有速度突变，冲击较大，所以齿轮式间歇运动机构一般仅适用于低速轻载的工作场合。

（4）摆线针轮不完全齿轮机构 它的轮齿也不布满整个圆周，其特点与齿轮式间歇运动机构基本相似。

（5）凸轮式间歇运动机构 它是利用凸轮与转位拔销的相互作用，将凸轮的连续运动转换为转盘的间歇运动，其结构简单、运转可靠、传动平稳，适用于高速间歇运动的工作场合。

（6）具有间歇运动的平面连杆机构 这里仅介绍以下两种典型的具有间歇运动的平面连杆机构。

1）具有间歇运动的曲柄连杆机构。它是利用主动连杆上某一点所描绘的一段圆弧轨迹，将从动连杆与此点相连，取其长度等于圆弧半径的曲柄连杆机构。这样，在每一循环周期内，当主动连杆运动到此段圆弧时，从动滑块就停歇。

2）具有间歇运动的导杆机构。这是一种在导杆槽中线的某一部分用圆弧做成的导杆机构，其圆弧半径等于曲柄的长度。图 1-16 所示的运转机构在左边极限位置时具有停歇特性。

9. 组合机构

组合机构是由几个基本机构结合而成的机构，如图 1-17 所示。因为基本机构有一定的局限性，无法满足多方面的要求，因此就发展出由两个或更多个基本机构联合起来形成的组合机构，从而扩大了基本机构的使用范围，综合了基本机构的优点，满足了多种要求，因而得到了广泛应用。

机构的组合有串联、并联、反锁、叠合四种方式，下面分别以行程扩大机构、换向传动机构、齿轮连杆曲线机构、实现给定运动轨迹机构、实现变速运动机构、同轴槽轮机构、误差校正装置、电动马游艺装置为例加以介绍。

（1）行程扩大机构 它是由连杆机构与齿轮机构串联而成的组合机构。该机构中滑块与扇形齿轮相连，通过扇形齿轮的往复摆动扩大了滑块的行程，即扇形齿轮上的指针行程大于滑块的行程。

（2）换向传动机构 它由凸轮机构和齿轮机构串联而成。这里采用了逆凸轮，只要设计不同的凸轮廓线，就可得到不同的输出运动规律，而且从动件还有急回特征。

（3）齿轮连杆曲线机构 它是由齿轮和连杆组成的齿轮连杆曲线机构，可实现较复杂

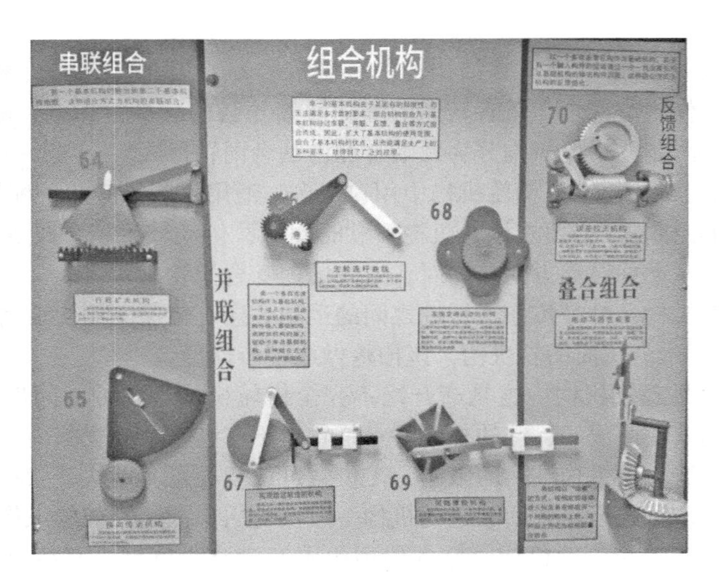

图 1-17　组合机构

的运动规律。该机构运动轨迹的形状取决于连杆机构的尺寸和齿轮的传动比。这种轨迹不是单纯的连杆曲线，也不是单纯的摆线，因此称它为齿轮连杆曲线，它比连杆曲线更复杂、更多样化。

(4) 实现给定运动轨迹的机构　它是由凸轮机构和连杆机构并联而成的组合机构。选取一个具有两个自由度的五连杆机构，然后根据给定的轨迹设计凸轮廓线即可。这种组合机构设计方法比较容易，因此被广泛采用。

(5) 实现变速运动的机构　它是由凸轮机构和差动轮系组成的组合机构。凸轮的摆杆设在行星轮上，当轮系的转臂 H 旋转时，摆杆沿凸轮表面滑动使行星轮产生附加的绕自身轴线的转动，因此太阳轮的运动为两个旋转运动的合成；若主动轴等速旋转，改变凸轮轮廓，则可得到从动件极其多样的运动规律。

(6) 同轴槽轮机构　曲柄为主动件，连杆上圆销拨动槽轮转动，槽轮转动结束后，滑块的一端进入槽轮的径向槽内，将槽轮可靠地锁住。该机构的特点是槽轮起动时无冲击，从而改善了槽轮机构的动力特性，提高了槽轮的旋转速度。

(7) 误差校正装置　它是精密滚齿机的分度校正机构。当蜗杆副精度达不到要求时，可设计这套校正机构。该装置采用了凸轮机构，凸轮与蜗轮同轴，凸轮转动便推动摆杆去拨动蜗杆，使其进行轴向移动，这时蜗轮得到了一个附加运动，从而校正了蜗轮的转动误差。

(8) 电动马游艺装置　它是由采用锥齿轮和曲柄摇块机构组合而成的机构。曲柄摇块机构可实现马的上下跳跃动作和马的俯仰动作，而锥齿轮起运载作用的同时可实现马的前进动作，这三个运动合成后，电动马就显示出飞奔前进的生动形象。

10. 空间连杆机构

空间连杆机构如图 1-18 所示，它常用于传递不平行轴间的运动，使从动件得到预期的运动规律或轨迹。与平面连杆机构相比，空间连杆机构有结构紧凑、运动多样化等特点。空间连杆机构在农业机械、轻工业机械、飞行器、机械手及仪表等器械中已得到广泛应用。

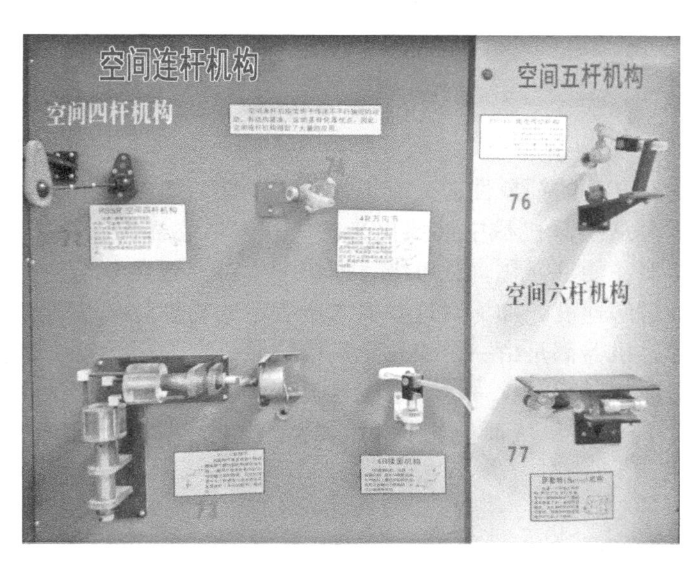

图 1-18　空间连杆机构

下面以 RSSR 空间四杆机构、RCCR 联轴器、万向联轴器、4R 揉面机、RRSRR 角度传动机构、萨勒特机构为例，介绍一些基本的空间连杆机构及其应用。

空间连杆机构中的四杆机构是最常用的。空间连杆机构的运动特征，在很大程度上与运动副的种类有关，所以常用运动副排列次序来作为机构的代号。

（1）RSSR 空间四杆机构　由两个转动副 R 和两个球面副 S 组成的机构称为 RSSR 空间四杆机构，常用于传递交错轴间的运动。这里采用了曲柄摇杆机构。若改变构件的尺寸，则可设计成双曲柄或双摇杆空间机构。

（2）RCCR 联轴器　此联轴器是由两个转动副和两个圆柱副所组成的一种特殊空间四杆机构，一般用于传递夹角为 90°的两相交轴间的运动。在实际应用中，连接两转盘的连杆可采用多根，以改善传力状况。该机构常被应用在仪表的传动机构中。

（3）万向联轴器　它有四个转动副且转动副的轴线都汇交于一点，因此，具有球面机构的结构特点，可用来传递相交轴之间的运动。两轴的夹角 α 可在 0°～40°内选取，故得到万向联轴器的美名。它也是一种最常见的球面四杆机构，两轴的中间连杆常制成受力状态较好的盘状或十字架形状，而两轴端则制成叉状。当采用一个万向联轴器时，主动轴与从动轴之间的转速是不等的；当采用双万向联轴器时，可得到主动轴与从动轴之间相等速度的传动。

（4）4R 揉面机　空间机构中连杆的运动比平面机构更复杂，因此空间机构适宜在搅拌机中应用。图 1-18 中所示的 4R 揉面机中，连杆自身的摇摆及连杆端部的运动轨迹，配合容器不断的转动，即可达到揉面的目的。

（5）RRSRR 角度传动机构　它是含有一个球面副和四个转动副的空间五杆机构，其特点是输入轴与输出轴的空间位置可任意安排。该机构也是一种联轴器，当球面两侧的构件对称布置时，可使两轴获得相同转速。

（6）萨勒特机构　萨勒特机构用于产生平行位移，是一个空间六杆机构，其中一组构件的平行轴线通常垂直于另一组构件的轴线，当主动构件做往复摆动时，机构中顶板相对固定底板做平行的上下移动。

三、总结

机械原理课程既有高度的抽象性，又有很强的实践性，如构件和机构运动简图、运动分析与力分析模型等都是从实际机械中抽象出来的，许多概念需要在动态过程中才能准确描述。借助于实物和模型，能够强化直觉思维，加快学生对“死点”“急回特性”等概念和各种机构原理、特性的理解速度，加深对这些概念所表示的物理意义的理解程度。

通过本实验可知，机器都是由一个或几个机构按照一定的运动要求串联或并联组合而成的。所以在学习机械原理课程时，一定要掌握各类基本机构的运动特性，才能更好地研究任何机构（复杂机构）的特性，从而能根据实际的工作要求，结合基本机构，创造出新的机械。

四、思考问答题

1）机械原理课程的研究对象和主要内容是什么？

2）平面四连杆机构有哪些类型？这些机构的运动副有什么特点？哪些四杆机构能将转动转换为移动？举几个实例说明。

3）用于传递两平行轴、两相交轴、两交错轴的回转运动的齿轮机构有哪些？哪种齿轮机构能将转动转换为移动或者将移动转换为转动？举实例说明。

五、机械原理认知实验报告

机械原理认知实验报告

班　级：__________ 学　号：__________ 姓　名：__________

同组者：__________ 日　期：__________ 成　绩：__________

1. 思考问答题

2. 收获与建议

第二章

机构运动简图测绘实验

说 明

* 本实验介绍了机构运动简图测绘的原理、方法和步骤，对分析研究已有的机构或创新机构设计具有指导意义，属于综合类实验，适合机械类、近机械类专业及非机械类专业开设机械原理、机械设计基础、精密机械设计基础课程的学校的学生使用。

* 建议实验用时2学时。

一、实验目的

1）初步掌握测绘机构的技能，培养根据实际机械或机构模型绘制机构运动简图的能力。

2）熟悉并掌握机构自由度的计算方法。

3）了解机构功用、构成及各机构间的相互配合关系，加深对机构特性的认识。

二、实验设备与工具

1）牛头刨床。

2）油泵模型。

3）缝纫机头。

4）锯床。

5）插齿机教具。

6）其他机构模型。

学生自带直尺、铅笔、橡皮、白纸（画草图用）。

三、实验原理

机构运动简图是用特定的线条和运动副符号表示机构的一种简化示意图，仅着重表示机构运动的特征。而机构的实际运动则仅与机构中运动副的性质（低副或高副等）、运动副的数目及相对位置（转动副的中心、移动副的中心线、高副接触点的位置等）、构件的数目等有关。按一定的长度比例尺确定运动副的位置，用长度比例尺画出的机构简图就称为机构运动简图。机构运动简图保持了实际机构的运动特征，简明地表达了实际机构的运动情况。实际应用中，有时只需要表明机构运动的传递情况和构造特征，而不要求表明机构的真实运动情况，因此不必严格地按比例确定机构中各运动副的相对位置，这样的图形称为机构运动示意图。

（1）机器　从日常生活中所接触过的机器可以看出，虽然各种机器的构造、用途和性能各不相同，但是从它们的组成、运动确定性及功能关系来看，都具有以下几个共同的特征：

1）它们都是一种人为的实物（构件）的组合体。

2）组成它们的各部分之间都具有确定的相对运动。

3）能够完成有用的机械功或转换机械能。

凡同时具备上述3个特征的实物组合体就称为机器。

（2）机构　在机器的各种运动中，有些构件是传递回转运动的，有些构件是将转动变为往复运动的，有些构件则是利用其本身的轮廓曲线来实现预期规律的移动或摆动的。在工程实际中，人们常根据实现这些运动形式的构件的外形特点，把相应的一些构件的组合称为机构。

总之，机器是由各种机构组成的，它可以完成能量的转换或作有用的机械功；而机构则仅仅起着传递运动和转换运动形式的作用。也就是说，机构是实现预期的机械运动的实物组合体；而机器则是由各种机构所组成的，能实现预期机械运动并完成有用机械功或转换机械能的机构系统。

（3）构件　从制造、加工的角度看，任何机械都是由若干单独加工制造的单元体——零件组装而成的。但是从机械实现预期运动和功能的角度来看，并不是每个零件都能独立起作用的。我们把每一个独立影响机械功能并能独立运动的单元体称为构件。构件可以是一个独立运动的零件，但有时为了结构和工艺上的需要，常将几个零件刚性地连接在一起组成构件。

（4）运动副　机构都是由构件组合而成的，其中每个构件都以一定的方式与至少另一个构件相连接，这种连接既可以使两个构件直接接触，又能使两构件能产生一定的相对运动。每两个构件间的这种直接接触所形成的可动连接称为运动副。如图2-1所示的轴与轴承座的连接，图2-2所示凸轮与滚子间的接触，都构成了运动副。

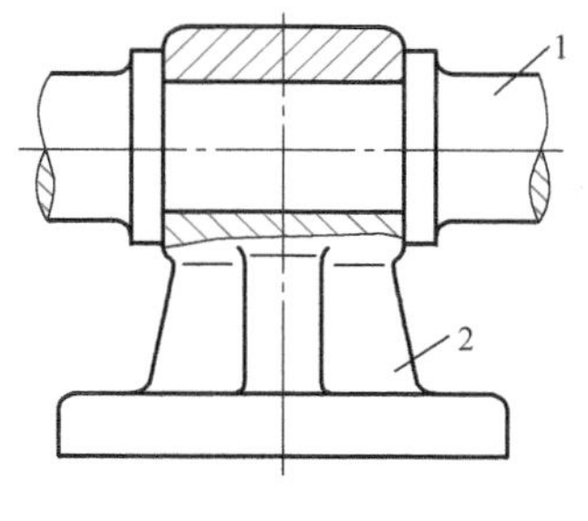

图2-1　运动副

1—轴　2—轴承座

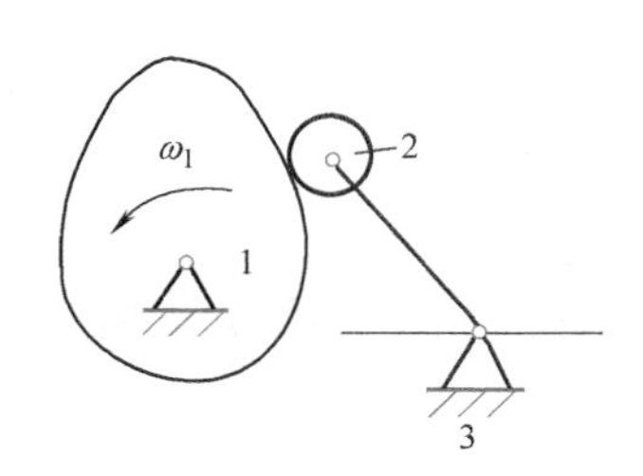

图2-2　机构简图

1—凸轮　2—滚子　3—机架

（5）运动副的分类　按接触形式分类，以面接触的运动副称为低副，以点、线接触的运动副称为高副，高副比低副易磨损。按相对运动的形式分类，相对运动若为平面运动则称为平面运动副，若为空间运动则称为空间运动副。两构件之间只做相对转动的运动副称为转动副或回转副，两构件之间只做相对移动的运动副，则称为移动副。按运动副引入的约束数分类，引入 1 个约束的运动副称为Ⅰ级副，引入 2 个约束的运动副称为Ⅱ级副，依此类推，还有Ⅲ级副、Ⅳ级副、Ⅴ级副。按接触部分的几何形状分类，根据组成运动副的两构件在接触部分的几何形状，可分为圆柱副、平面与平面副、球面副、螺旋副、球面与平面副、圆柱与平面副等。

四、实验内容及步骤

1. 绘制机构运动简图

1）测绘时使被测绘的机器或模型缓慢地运动，分析机械的运动原理、组成情况和运动情况，确定其组成的各构件哪个为原动件、机架、执行部分和传动部分。

2）沿着运动传递路线，根据相连两构件的接触情况及相对运动的情况，逐一分析每两个构件间相对运动的性质，以确定运动副的类型和数目。

3）恰当地选择运动简图的视图平面。通常可选择机械中多数构件的运动平面为视图平面，必要时也可选择两个或两个以上的视图平面，然后将其展开到同一图面上。

4）选择适当的比例尺 μ_l［μ_l = 实际尺寸（m）/图示长度（mm）］，确定各运动副的相对位置。

5）按规定的运动副的代表符号、常用机构的运动简图符号和简单线条及构件的连接次序，从原动件开始在图中依次引出序号 1、2、3…；标出原动件；在回转副中心、移动副导路上或高副接触处引出 A、B、C…。画出机构运动简图的草图（常见运动副的类型及其图形符号见本章表 2-1 ~ 表 2-3）。

6）绘制时应省略与运动无关的构件的复杂外形和运动副的具体构造。同时应注意选择恰当的原动件位置进行绘制，尽量避免构件相互重叠或交叉。

2. 计算机构的自由度

（1）自由度计算　将以上确定的参数代入平面机构的自由度计算公式进行自由度计算如下：

$$F = 3n - 2P_{\mathrm{L}} - P_{\mathrm{H}}$$

式中　n——活动构件数；

P_{L}——低副数；

P_{H}——高副数。

（2）检验正误　根据计算所得的自由度值，判定机构运动的确定性，并用实际机构的运动情况检验，如发生矛盾，说明运动简图或计算有错，须做如下检查：

1）自由度计算检查。检查是否考虑了复合铰链、局部自由度、虚约束等情况。

2）运动简图检查。检查所绘制的机构运动简图的构件数、运动副类型、数目是否与实际机构一致，看是否有漏画或重复的现象。

3. 举例

下面以图 2-3 所示的颚式破碎机、图 2-4 所示的小型压力机和图 2-5 所示的差动轮系为例，具体说明运动简图的绘制方法。

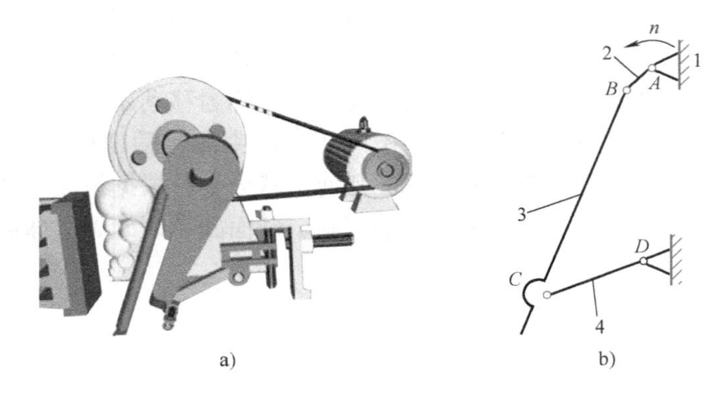

图 2-3　颚式破碎机及其机构运动简图

1—机架　2—曲柄　3—连杆　4—摇杆

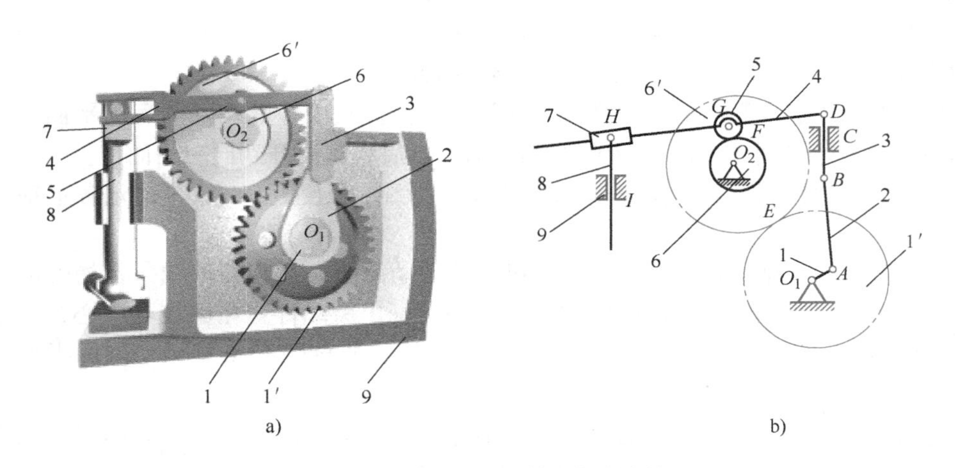

图 2-4　小型压力机及其机构运动简图

1—偏心轮　2、3、4—杆件　5—滚子　6—槽凸轮　7—滑块　8—压杆　9—机座　1′、6′—齿轮

（1）颚式破碎机运动简图的绘制　首先，分析机构的组成、动作原理和运动情况。该机构是由电动机驱动带和带轮，通过偏心轴使动颚上下运动的。

颚式破碎机运动简图的绘制步骤如下。

步骤 1：在适当位置画出固定铰链 A。

步骤 2：选取适当的比例尺，按规定的符号画出其他运动副 B、C、D。

步骤 3：用规定的线条和符号连接各运动副。

步骤 4：进行必要的标注。

（2）小型压力机运动简图的绘制　齿轮 1′和偏心轮 1 固定在转轴 O_1 上，它们是一个构件；齿轮 6′和槽凸轮 6 固定在转轴 O_2 上，它们也是一个构件；该压力机共有 9 个构件，机座 9 为机架。齿轮构件 1-1′为原动件，压杆 8 为工作机；其余部分为传动构件。从主动件（原动件）开始，沿着运动传递路线，仔细分析各构件之间的相对运动情况，从而确定组成该机构的构件数、运动副数及性质。在此基础上按一定的比例及特定的构件和运动副符号，正确绘制出机构运动简图，步骤如下。

步骤 1：选择视图平面，画出偏心轮 1、齿轮 1′和机座 9 构成的转动副 O_1，画出槽凸轮 6、齿轮 6′与机座 9 构成的转动副 O_2。

步骤 2：选取适当的比例尺，按规定的符号画出其他运动副 B、C、D、E、F、G、H、I。

步骤 3：用规定的线条和符号连接各运动副。

步骤 4：进行必要的标注。

（3）差动轮系运动简图的绘制　差动轮系的实验模型如图 2-5所示，它具有机构变速、合成和分解等功能，在汽车、机器人、纺织、食品等各行各业中应用广泛。图 2-6a 所示为齿轮端面正投影机构示意图，其中齿轮 1 和齿轮 3 是太阳轮，齿轮 2 和齿轮 2′是行星轮，H 为转臂或系杆，1-2（2′）-3-H 组成周转轮系。当齿轮 1 和齿轮 3 均不固定时，该轮系为差动轮系；当齿轮 1 和齿轮 3 中的一个固定时，该轮系为行星轮系；当系杆 H 固定时，为定轴轮系。

图 2-5　差动轮系机构模型

如果齿轮 1 和齿轮 3 均不固定，则齿轮 1、齿轮 3、系杆 H 和机架组成复合铰链 O，此处存在 3 个转动副；由于系杆 H 和齿轮 2（2′）构成的转动副对称，齿轮 2 和齿轮 2′的作用是动力平衡作用，对运动轨迹并不起实际的限制作用，因此齿轮 2、齿轮 2′和系杆 H 构成了虚约束，如图 2-6a 所示；齿轮 1、齿轮 2 和齿轮 3 分别构成高副。所以，该差动轮系共有 5 个构件，活动构件为齿轮 1、齿轮 2、齿轮 3 和系杆 H，自由度为 2。若取齿轮 1 和系杆 H 为原动件，齿轮 3 为工作机，则其余部分为传动部分。从主动件（原动件）开始，沿着运动传递路线，仔细分析各构件之间的相对运动情况，从而确定组成该机构的构件数、运动副数及性质。在此基础上按一定的比例及特定的构件和运动副符号，正确绘制出机构运动简图，步骤如下。

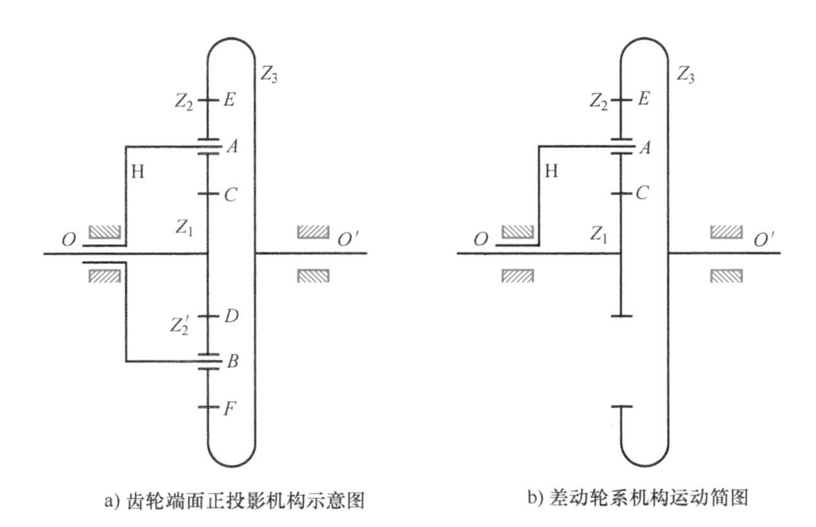

图 2-6　差动轮系机构

步骤1：选择视图平面，画出齿轮1、齿轮3、系杆H和机架构成的复合铰链的转动副O；齿轮2和齿轮2′构成虚约束，故去掉齿轮2′及其他构件与其组成的运动副。

步骤2：选取适当的比例尺，按规定的符号画出其他运动副A、C、E。

步骤3：用规定的线条和符号连接各运动副，如图2-6b所示。

步骤4：进行必要的标注。

五、实验要求

1. 实验内容要求

1）每人在实验报告纸上绘出不少于4个测得的机构运动简图。其中，要求至少有一个机构需测量组成该机构的各构件实际尺寸，按比例绘制其机构的运动简图。其他机构可不进行测量，但应凭目测使运动简图与实物大致成比例，并注意各构件的相对位置关系。

2）实验完成后将草稿交指导教师审阅，发现错误，及时修改。

2. 实验报告内容要求

1）计算上述机构的自由度。

2）判定运动的确定性。

3）指出每一个机构中存在的复合铰链、局部自由度和虚约束。

4）根据草稿完成实验报告，简图用绘图仪器完成并标注尺寸。

5）根据日常所见的一个机构实物，在实验报告上画出其运动简图。

六、思考问答题

1）何谓机构运动简图？

2）如何才能正确地绘出机构运动简图？

3）什么是机构的自由度？使机构具有确定运动的条件是什么？

七、常用运动副的类型及其图形符号

常见运动副、机构和构件的简图图形符号见表2-1～表2-3（摘自GB/T 4460—2013）。

表2-1 常见运动副的简图图形符号

运动副名称		图形符号
具有一个自由度的运动副	回转副	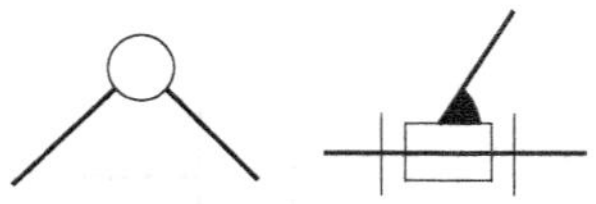
	移动副	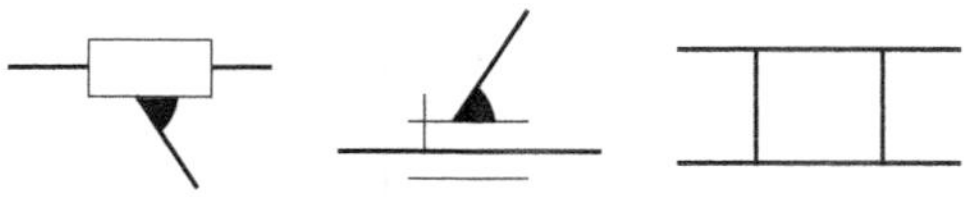
	螺旋副	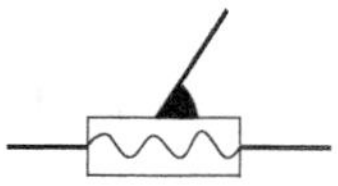

（续）

运动副名称		图形符号
具有两个自由度的运动副	圆柱副	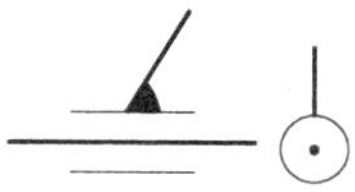
	球销副	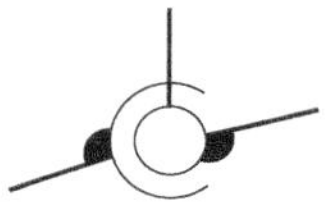
具有三个自由度的运动副	平面副	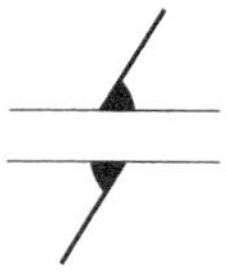
	球面副	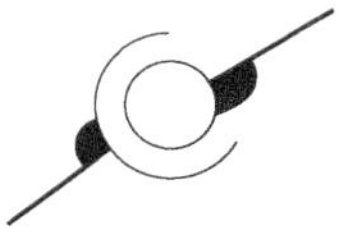
具有四个自由度的运动副	球与圆柱副	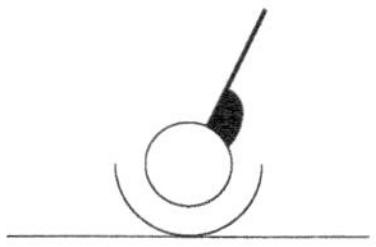
具有五个自由度的运动副	球与圆柱副	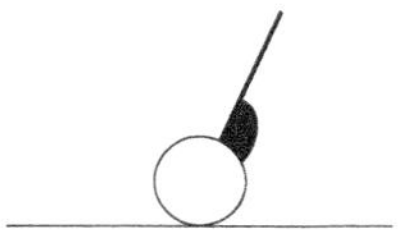

表 2-2　常见机构的表示方法

机构名称		图形符号
摩擦传动	圆柱轮	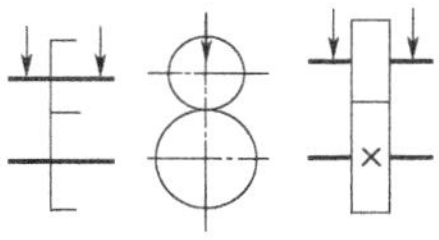
	圆锥轮	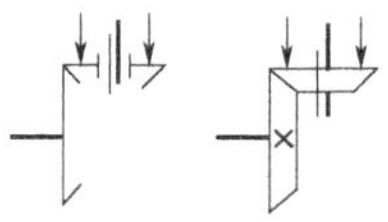

（续）

机构名称		图形符号
齿轮传动	圆柱齿轮	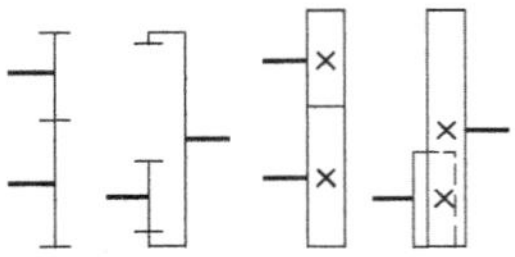
	锥齿轮	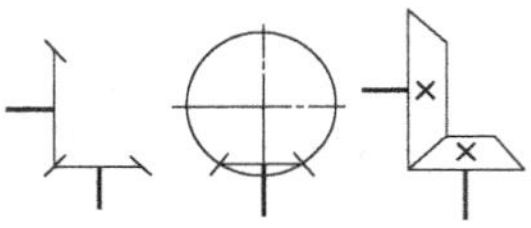
	蜗轮与圆柱蜗杆	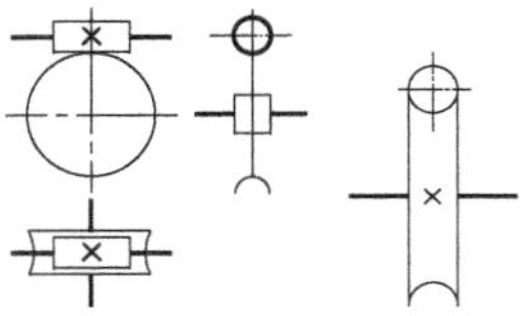
齿条传动	齿轮齿条	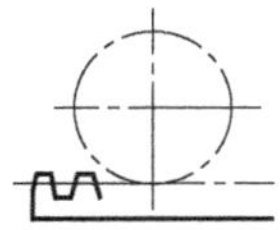
凸轮机构	盘形凸轮	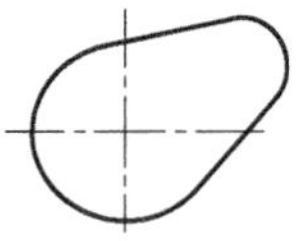
	移动凸轮	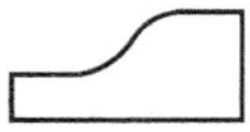
	与杆固接的凸轮	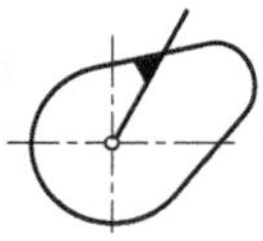
	空间圆柱凸轮	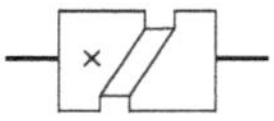
	凸轮从动杆	

表 2-3 多杆构件及其组成部分的简图符号

名称	图形符号
单副元素构件	
双副元素构件	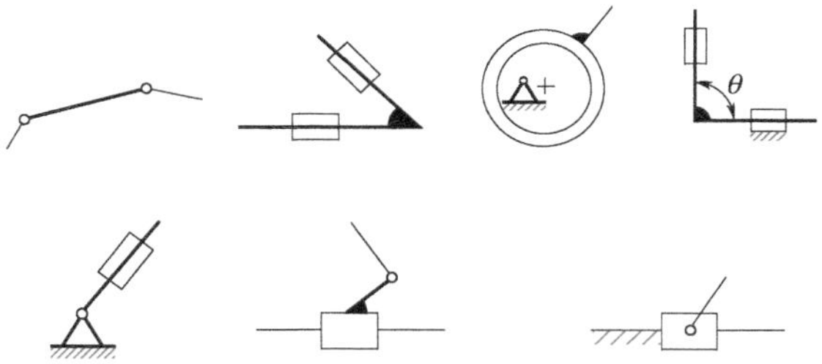 θ
三副元素构件	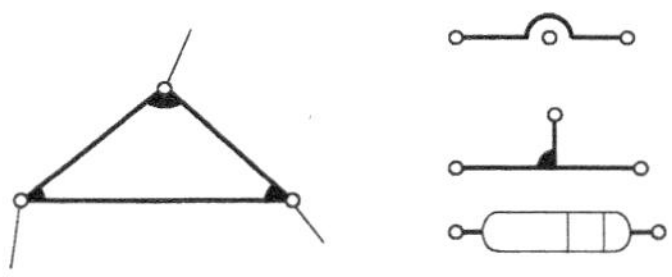

八、机构运动简图测绘实验报告

机构运动简图测绘实验报告

班　级：________________ 学　号：________________ 姓　名：________________
同组者：________________ 日　期：________________ 成　绩：________________

1. 实验目的

2. 实验原理

3. 思考问答题

4. 机构运动简图或示意图

名称	机构运动简图	自由度
	比例尺 μ_l =	活动构件数 n = 低副数 P_L = 高副数 P_H = 自由度数 F =

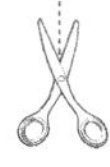

（续）

名称	机构运动简图	自由度
	比例尺 μ_l =	活动构件数 n = 低副数 P_L = 高副数 P_H = 自由度数 F =
		活动构件数 n = 低副数 P_L = 高副数 P_H = 自由度数 F =
		活动构件数 n = 低副数 P_L = 高副数 P_H = 自由度数 F =

第三章

机构运动参数测定实验

说　明

＊ 本实验讲述了利用仪器及装备研究机构运动参数的原理、方法和步骤，并介绍了多种测量参数的传感器及机构运动过程的计算机仿真过程。本实验属于综合测试类实验，适合机械类、近机械类各专业学生使用。

＊ 建议实验用时2学时。

一、实验目的

1）掌握用实验法（电测法）测试机械运动参数的基本原理和方法。

2）学会利用计算机对平面机构进行优化设计、运动仿真和测试分析，了解机构的结构参数对运动情况的影响。

3）学会利用计算机对平面机构进行动态参数采集和处理，作出机构动态运动参数曲线，比较机构的理论运动曲线图与实测运动曲线图的差异。

4）了解各种传感器在机械量测试中的应用。

二、实验设备与仪器

1. 工作机械

1）QID-Ⅲ型组合机构实验台。

2）牛头刨床等。

3）ZNH-A型机构多媒体测试、仿真、设计综合实验台。

2. 传感器

1）同步脉冲发生器（或称角度传感器）。

2）光电脉冲编码器（或称光栅角位移传感器）。

3）电阻应变式、压电式、陀螺式及其他形式的传感器。

3. 微型计算机测试系统

三、QID-Ⅲ型组合机构实验台的实验原理及实验过程

1. 实验设备

与本实验配套的有曲柄滑块机构实验系统及曲柄导杆机构实验系统（图3-1），也可采用其他类型的实验机构，该实验台采用直流调速电动机，该电动机可在0～2000r/min范围内作无级调速。经蜗杆减速器减速，机构的曲柄转速为0～100r/min（本实验电动机转速选为30r/min左右）。

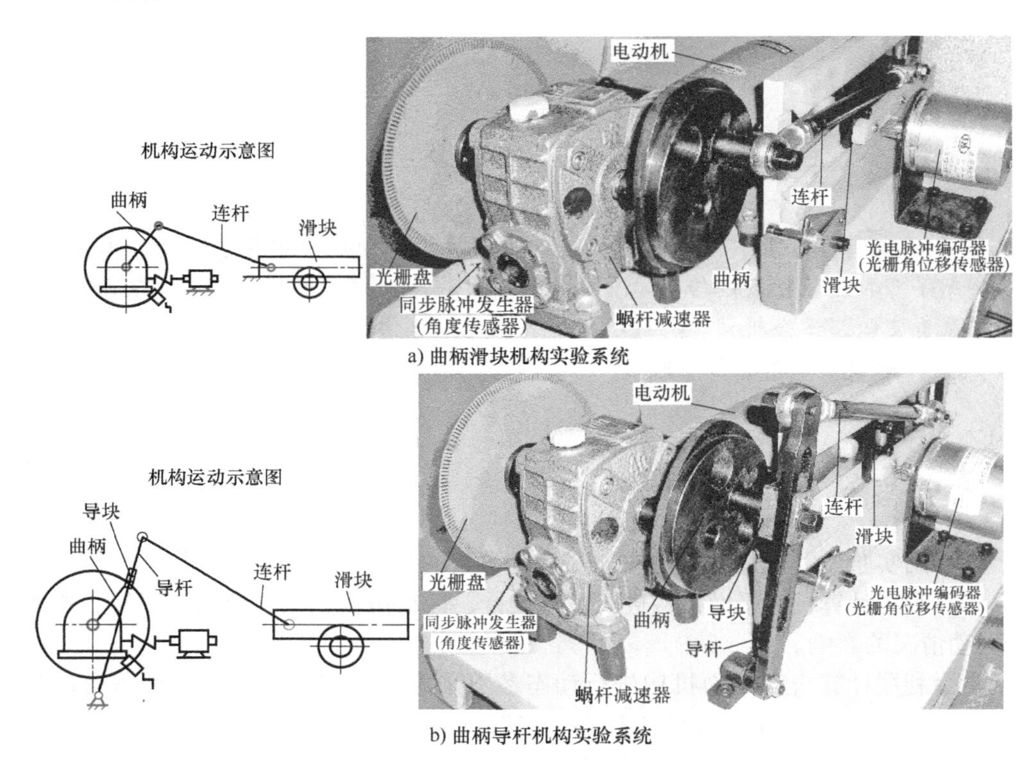

a) 曲柄滑块机构实验系统

b) 曲柄导杆机构实验系统

图3-1　实验机构图

2. 实验原理

本实验整个测试系统的原理框图如图3-2所示。在实验机构动态运动过程中，滑块的往复移动通过光电脉冲编码器（或称光栅角位移传感器）转换输出具有一定频率（频率与滑块往复移动速度成正比）的脉冲，接入微处理器外扩的计数器计数（由同步脉冲发生器标定零位），计数值可为经过某一时刻（如25ms）或曲柄转几度（如4°）时计数器的值，此值即表示滑块的位移量。通过微处理器进行初步处理运算并送入计算机进行处理，通过显示器显示出相应的位移数值和曲线。滑块的速度、加速度数值可由位移数值经微分得到。

同步脉冲发生器（或称角度传感器）的作用，一是标定采样时的零位脉冲，二是用于定角度采样，三是显示曲柄转速。

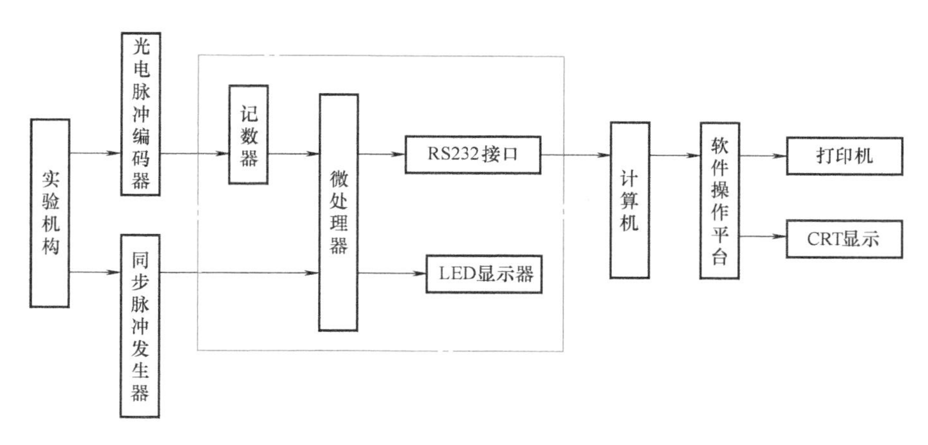

图 3-2　测试系统原理框图

3. 实验步骤

1）选择实验机构（已组装有曲柄滑块机构实验系统及曲柄导杆机构实验系统，可任选其一并做好实验记录）。

2）打开计算机，起动机械教学综合实验系统，在主界面左边的实验项目框中，单击“运动学”按钮，打开主界面。

3）起动机构。在机构电源接通前，先将电动机调速旋钮逆时针轻旋到头，避免开机时电动机突然起动。

4）调零。打开电源后，首先按下数码显示面板上的“复位”键，当转速显示为“0”时，调零结束，然后将电动机调速旋钮顺时针轻旋到 30r/min 左右。

5）在软件系统的界面下选择“数据采集”菜单，并在弹出的采样参数设置区内选择相应的采样方式和采样常数。可以选择定时采样方式，采样的时间常数有 10 个选择挡（分别是：2ms、5ms、10ms、15ms、20ms、25ms、30ms、35ms、40ms、50ms），例如，选择采样周期为 25ms。也可以选择定角度采样方式，采样的角度常数有 5 个选择挡（分别是：2°、4°、6°、8°、10°），例如，选择每隔 4°采样一次。

6）在“标定数值”输入框中输入标定值“0. 05”（标定值即是指光电脉冲编码器每输出一个脉冲所对应滑块的位移量，单位为 mm，其数值依据光电脉冲编码器结构而定）。

7）单击“采样”按钮，开始采样（请等若干时间）。

8）采样完成后，界面将出现运动曲线绘制区，绘制当前的位移曲线，且在左边的数据显示区内显示采样的数据。在实验报告中记录当前一个运动周期内的位移曲线。

9）按下“数据分析”键，则运动曲线绘制区将在位移曲线上逐渐绘出相应的速度和加速度曲线；同时在左边的数据显示区内也将增加各采样点的速度和加速度值。在实验报告中记录当前一个运动周期内的速度和加速度曲线。

四、牛头刨床等实验设备的实验原理及实验过程

1. 实验原理

本实验应用非电量电测法将机械运动量通过传感器转变成电信号，再加以放大与测试，

其测试过程流程图如图3-3所示。

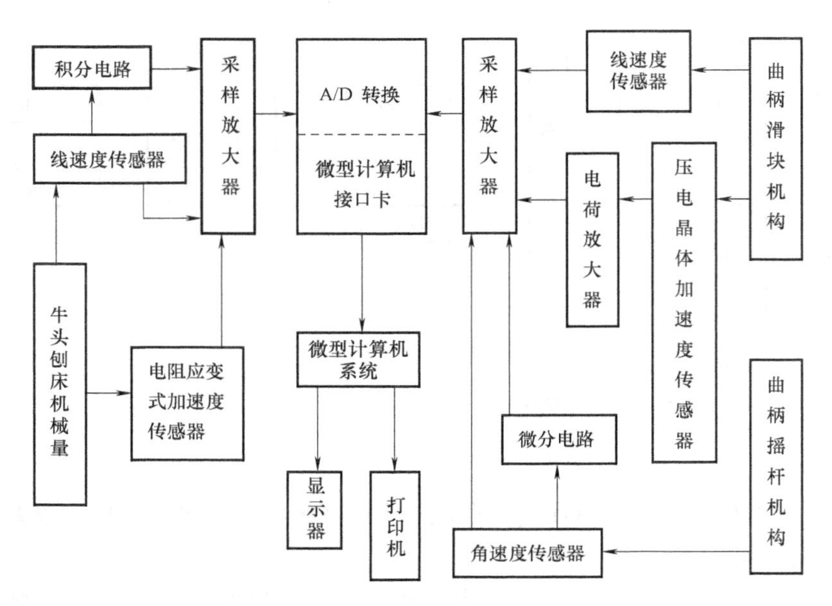

图3-3 测试过程流程图

2. 线速度测定原理

测量构件的线速度采用电磁式速度传感器，它是由固接在机架上的线圈和与运动构件相连的马蹄形永磁铁构成，如图3-4所示。当构件运动使得磁铁与线圈产生相对运动时，线圈切割磁力线而产生代表构件运动速度的感应电势E，其计算式如下：

$$E = BNv$$

式中 B——磁感应强度；

N——瞬时参加切割磁力线的线圈匝数；

v——磁铁相对于线圈的运动速度。

当传感器结构一定时，N、B为常数，E与v成正比例关系，感应电势的变化情况即反映了构件运动速度的变化情况。

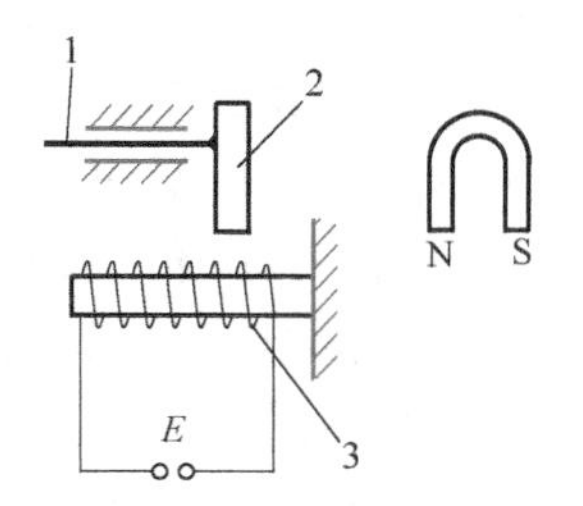

图3-4 电磁式速度传感器

1—被测构件 2—磁铁 3—线圈

3. 线加速度测定原理

本实验采用电阻应变式和压电式两种传感器测量线加速度。测量时它们分别被安装在被测构件上，其基本原理如下。

（1）电阻应变式加速度传感器 它是利用惯性法原理工作的，其原理如图3-5所示。等强度梁1作为弹性元件，一端固定在基座上，另一端装有惯性块2，在等强度梁两侧粘贴有4个电阻应变片（$R_1 \sim R_4$），整个系统放置在一个封闭的壳体内，壳体内充满硅油，以得到适当的阻尼。测量时，质量为m的惯性块随被测构件一起以加速度a运动，产生$F = -ma$的惯性力，该力使弹性元件发生弯曲变形，从而导致应变片电阻值发生变化。因为惯性块的质量是一定的，所以电阻值的变化正比于加速度。把贴在弹性元件两侧的4个电阻应变片R_1、R_2、R_3、R_4（$R_1 = R_2 = R_3 = R_4 =$

100Ω）接成电桥，则电桥的输出电压正比于加速度。

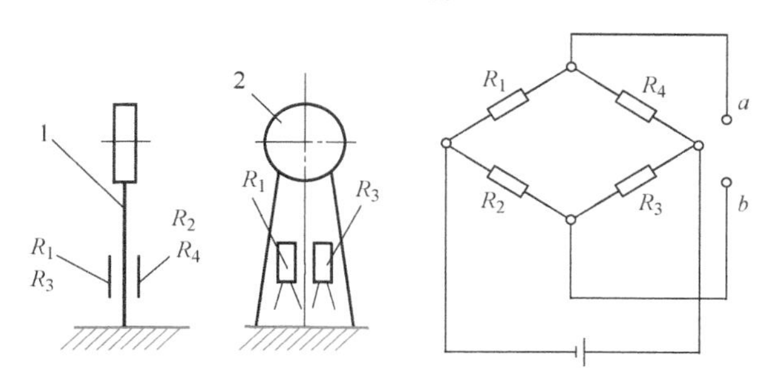

图 3-5　电阻应变式加速度传感器

1—等强度梁　2—惯性块

（2）压电式加速度传感器　它采用压电晶体作为变换器，其结构如图 3-6 所示。压电晶体是一种压电材料，这种材料在受到外界压力作用时可产生电荷。输出电荷量$Q=KF$（式中 K 为晶体压电系数，F 为加在晶体上的压力）。当加在压电晶体上的质量块（质量为 m）以加速度 a 随被测构件运动时，质量块就会产生与加速度成正比的惯性力 F，作用在压电晶体上，即 $F=-ma$。而 Q 与 F 成正比，所以输出电荷量与被测构件的加速度成正比。由于输出电荷量极小，直接用仪表无法测量，故需通过电荷放大器放大后才能测量。电荷放大器相当于一个具有电容负反馈、输入阻抗极高的高增益运算放大器，它可将电荷产生的电场电势转换成电压输出。

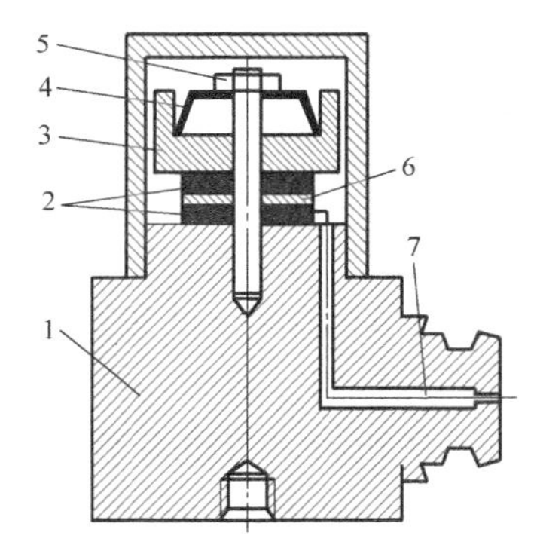

图 3-6　压电式加速度传感器

1—机座　2—铜盘（集电板）　3—质量块　4—预紧弹簧　5—螺母　6—压电晶体　7—信号线

4. 角速度及角加速度的测量原理

角速度用角速度陀螺仪测量。角速度陀螺仪是一种单自由度的陀螺仪（又称速率陀螺仪），安装在被测构件上，由交流发电机和稳压电源给陀螺仪供电，将构件的角速度转化成电压信号输出。对角速度信号进行微分，即可得到相应的角加速度信号。

5. 实验方法和内容

1）指导教师对测试原理及方法作必要的说明。

2）检查设备及线路，确认无误后再起动工作机械并接通测量仪器。

3）调节测量仪器（由教师指导），按照计算机程序的提示操作计算机，在显示器上分别观察各机构的位移、速度和加速度曲线并打印。

4）比较机构的理论运动规律（由实验室事先准备好）和实测机构运动参数曲线的异同。

5）观察结束后，按关机程序关闭计算机及有关设备。

五、ZNH-A 型机构综合实验台的实验原理及实验过程

1. 实验设备

（1）ZNH-A/1 曲柄导杆滑块机构多媒体测试、仿真、设计综合实验台　该实验台的一种形式为曲柄导杆滑块机构，如图 3-7 所示；还可拆装成另一种形式——曲柄滑块机构，如

图3-8所示。

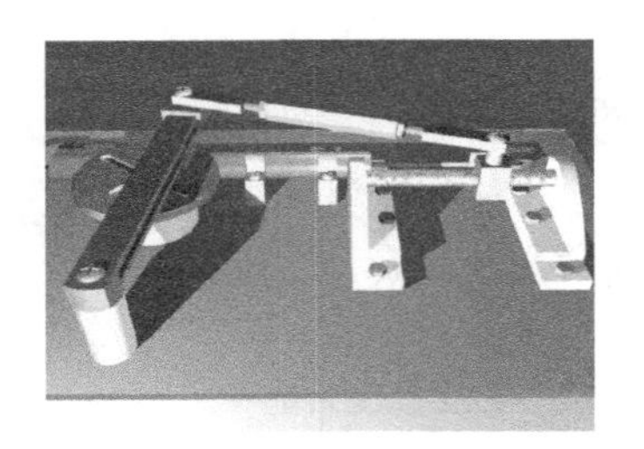

图3-7　曲柄导杆滑块机构实验台

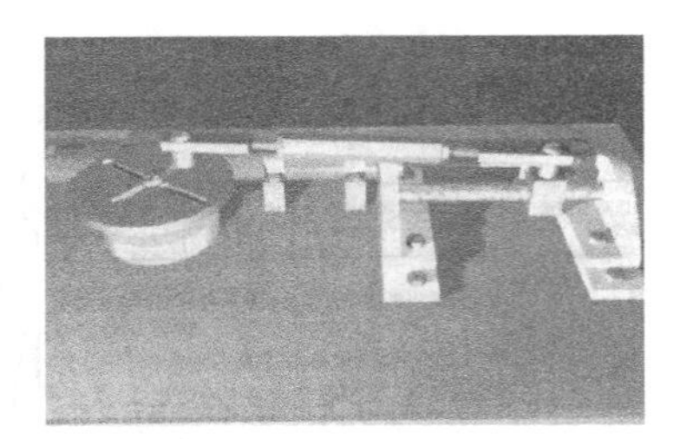

图3-8　曲柄滑块机构实验台

（2）ZNH-A/2曲柄摇杆机构多媒体测试、仿真、设计综合实验台　该实验台的测试机构如图3-9所示。

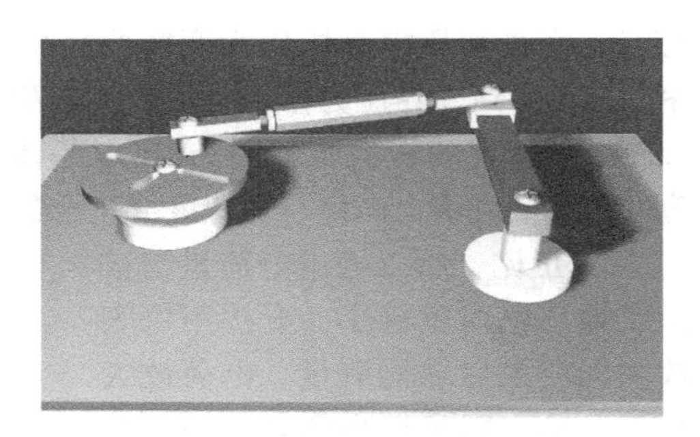

图3-9　曲柄摇杆机构实验台

（3）ZNH-A/3凸轮机构多媒体测试、仿真、设计综合实验台　该实验台的一种形式为盘形凸轮机构，如图3-10所示，并配有四个具有不同运动规律的测试凸轮；另一种形式为圆柱凸轮机构，如图3-11所示。

图3-10　盘形凸轮机构实验台

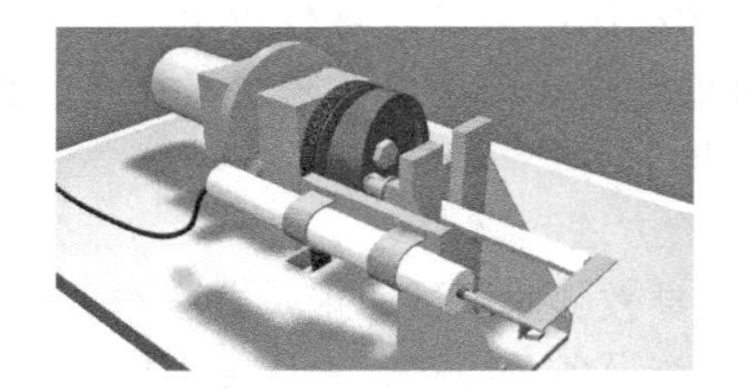

图3-11　圆柱凸轮机构实验台

（4）ZNH-A/4槽轮机构多媒体测试、仿真、设计综合实验台　该实验台的一种形式为四槽槽轮机构，如图3-12所示；另一种形式为八槽槽轮机构，如图3-13所示。

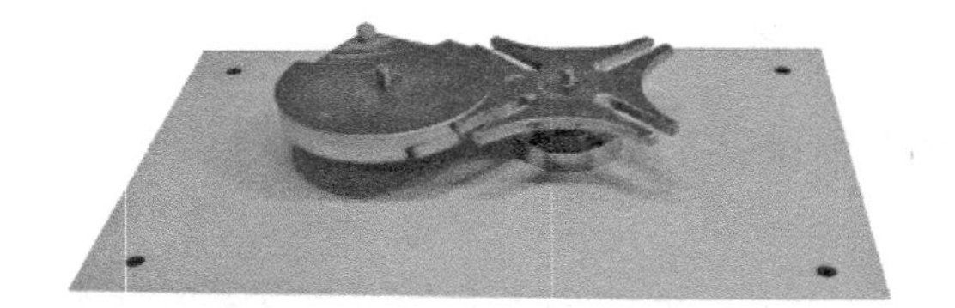

图3-12　四槽槽轮机构实验台

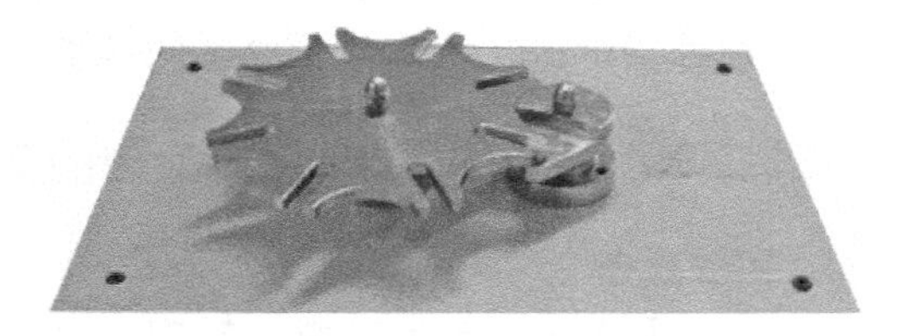

图3-13　八槽槽轮机构实验台

2. 测试原理图

ZNH-A 型机构综合实验台的测试原理如图 3-14 所示。

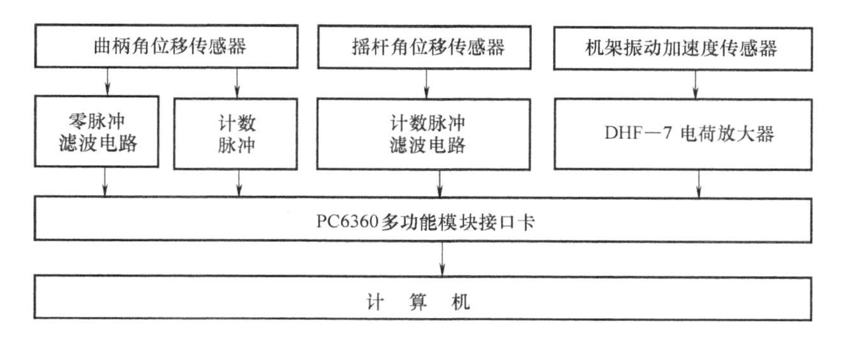

图 3-14　ZNH-A 型机构综合实验台的测试原理图

3. 实验内容

（1）曲柄滑块机构实验内容

1）曲柄滑块机构设计。通过计算机进行辅助设计，包括按行程速比系数设计和按连杆运动轨迹设计。

2）曲柄运动仿真和实测。通过数模计算得出曲柄的真实运动规律，作出曲柄角速度曲线图和角加速度曲线图，进行速度波动调节计算。

3）滑块运动仿真和实测。通过数模计算得出滑块的真实运动规律，作出滑块相对曲柄转角的速度曲线图和加速度曲线图。

4）机架振动仿真和实测。通过数模计算，先得出机构质心（即激振源）的位移，并作出激振源在设定方向上的速度曲线图和激振力曲线图（即不平衡惯性力），并指出需要增加的平衡质量。

（2）曲柄摇杆机构实验内容

1）曲柄运动仿真和实测。通过数模计算得出曲柄的真实运动规律，作出曲柄角速度曲线图和角加速度曲线图。

2）滑块运动仿真和实测。通过数模计算得出滑块的真实运动规律，作出滑块相对曲柄转角的速度曲线图和加速度曲线图。

3）机架振动仿真和实测。通过数模计算，先得出机构质心（即激振源）的位移及速度，并作出激振源在设定方向上的速度曲线图、激振力曲线图（即不平衡惯性力）。

（3）凸轮机构实验内容

1）凸轮运动仿真和实测。通过数模计算得出凸轮的真实运动规律，作出凸轮角速度曲线图和角加速度曲线图，并进行速度波动调节计算。

2）推杆运动仿真和实测。通过数模计算得出推杆的真实运动规律，作出推杆相对凸轮转角的速度曲线图和加速度曲线图。

（4）槽轮机构实验内容

1）槽轮机构设计。根据工作要求，选择合适的槽轮机构原始参数，通过计算机进行辅助设计。

2）拨盘运动仿真和实测。通过数模计算得出拨盘的真实运动规律，作出拨盘角速度曲线图和角加速度曲线图。

3）槽轮运动仿真和实测。通过数模计算得出槽轮的真实运动规律，作出槽轮相对拨盘转角的角速度曲线图和角加速度曲线图。

4. 实验方法和步骤

1）打开计算机，运行有关实验测试分析及运动分析软件，详细阅读软件中的有关操作说明。

2）起动有关实验设备，调节电动机运转速度。

3）待实验设备运行稳定后，由实验测试分析及运动分析软件的主界面选定具体实验项目，进入该实验界面。

4）先单击实验界面中"实测"按钮，计算机自动进行数据采集及分析，并作出相应的动态参数的实测曲线。

5）单击该界面中的"仿真"按钮，计算机对该机构进行运动仿真，并作出动态参数的理论曲线。

6）打印理论曲线和实测曲线及相关参数。

7）如果要做其他项目的实验，单击"返回"按钮，返回主界面，选定实验项目。执行步骤4）~6）。

8）分析比较理论曲线和实测曲线，并编写实验报告。

5. 实验操作注意事项

初次使用时，需仔细参阅本产品的说明书，特别是注意事项。

1）拆下有机玻璃保护罩，用清洁抹布将实验台，特别是机构各运动构件清理干净，在各运动构件滑动轴承处加少量润滑油。

2）将面板上调速旋钮逆时针旋到底（转速最低）。

3）检查各运动构件的运动状况，各螺母紧固件应无松动，各运动构件应无卡死现象。

4）一切正常后，方可按实验指导书的要求进行操作。

六、思考问答题

1）用实验法（电测法）分析机构的运动规律有何优点？

2）应从哪些方面对机构运动曲线进行分析？从对运动曲线的分析可得到哪些结论？

3）经过实验观察，分析机构理论运动规律与实际运动情况产生差异的因素。

七、机构运动参数测定实验报告

机构运动参数测定实验报告

班　级：________　学　号：________　姓　名：________

同组者：________　日　期：________　成　绩：________

1. 绘出测试机构草图

2. 画出运动的仿真曲线和实测曲线

机构名称：　　　　　　　　构件名称：

（1）仿真曲线

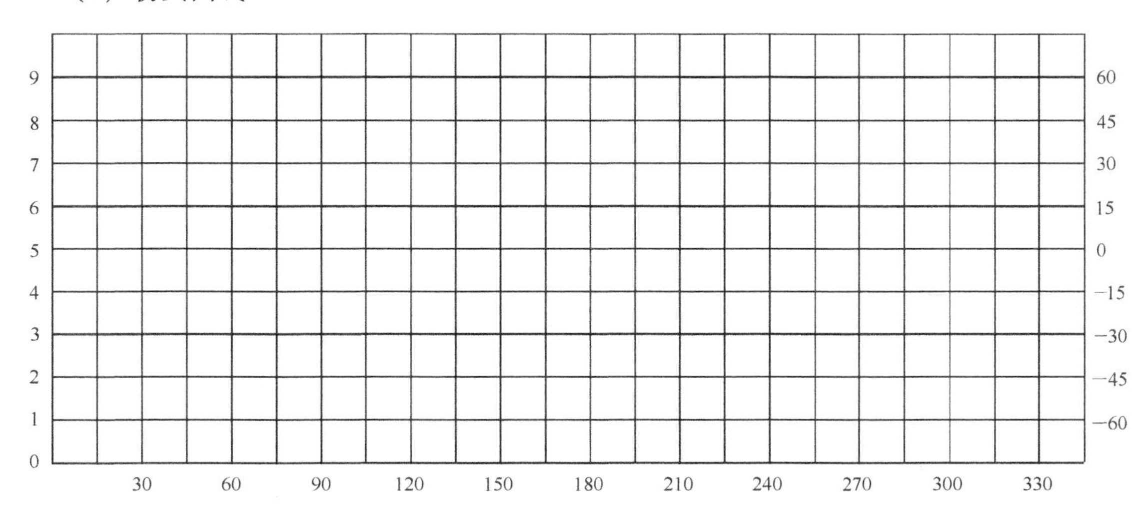

（2）实测曲线

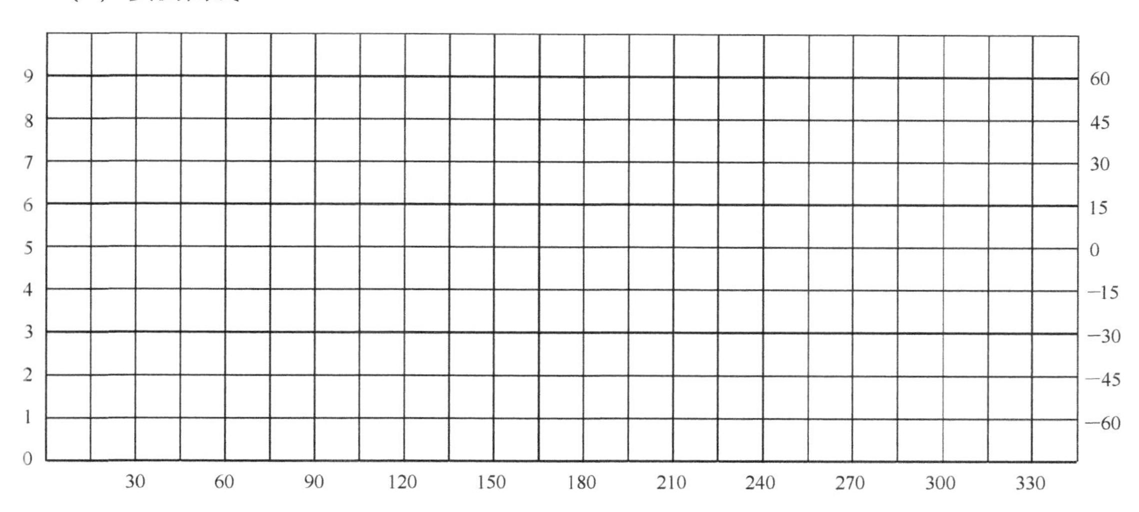

3. 思考问答题

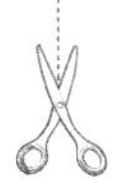

第四章

齿轮展成原理实验

说明

* 本实验讲述了展成法加工齿轮的基本原理，介绍了几种范成仪的结构、原理及使用方法。本实验属于综合类实验，适合机械类、近机械类各专业学生使用。

* 建议实验用时 2 学时。

一、实验目的

1）通过实验掌握利用展成法加工渐开线齿轮的原理和方法。

2）了解渐开线齿轮的根切现象和避免发生根切的方法；分析比较标准齿轮和变位齿轮的异同点。

3）培养学生的动手能力。

二、实验内容

1）了解渐开线齿轮的加工原理及方法。

2）掌握利用展成法加工渐开线齿轮的基本原理，观察齿廓形成过程。

3）根据选定的齿轮参数计算齿轮的下列尺寸。

标准齿轮：z、r_b、r_a、r_f、s、s_a及s_b。

变位齿轮：x（取$x=x_{min}$）、r'_a、r'_f、s'、s'_a及s_b。

4）了解渐开线齿轮的根切现象和避免发生根切的方法，分析、比较标准齿轮和变位齿轮的异同点。

5）了解齿轮传动的类型。

6）了解齿轮传动的设计步骤。

三、实验设备与工具

1. 齿轮范成仪

常见的齿轮范成仪有两种，主要区别在于工作台（托纸盘）是半圆形还是圆形。

（1）半圆形齿轮范成仪　半圆形齿轮范成仪是根据齿条形刀具加工齿轮来设计的，其主要构造如图 4-1 所示。半圆盘 2 绕其固定的轴心转动。在半圆盘的周缘刻有凹槽，槽内绕有钢丝Ⅰ和Ⅱ，钢丝绕在凹槽中以后，其中心线所形成的圆应等于被加工齿轮的分度圆。钢丝Ⅰ和Ⅱ的一端固定在半圆盘的 b 和 b'处；另一端固定在横拖板 4 上的 a 和 a'处。横拖板 4 可在机架 1 上沿水平方向移动，通过钢丝的作用，使半圆盘 2 相对于横拖板 4 的运动和被加工齿轮相对于齿条的运动一样（做纯滚动）。在横拖板 4 上装有带动刀具的纵拖板 6，转动纵向移动螺旋 7 可使纵拖板 6 相对于横拖板 4 沿垂直方向移动，从而可以调节刀具 5 的中线至轮坯中心的距离。图 4-1 中的 3 为用于压紧绘图纸的压环。

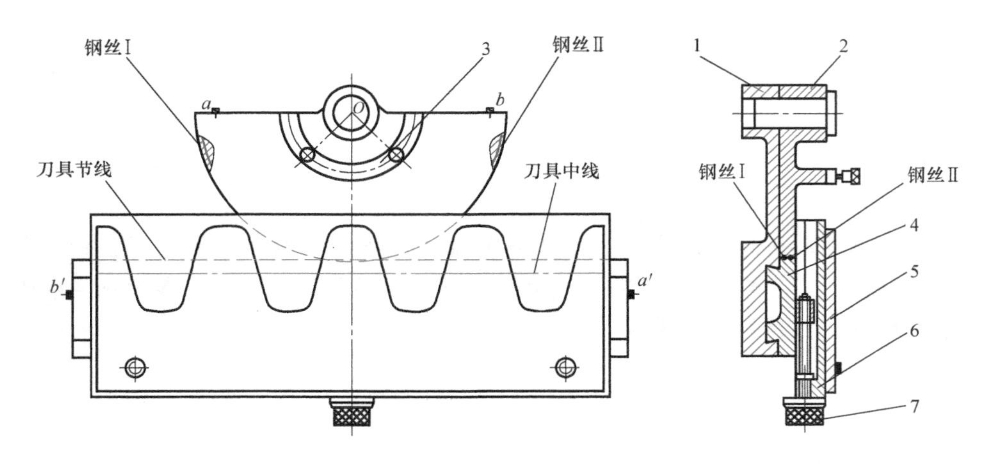

图 4-1　半圆形齿轮范成仪

1—机架　2—半圆盘　3—压环　4—横拖板　5—刀具　6—纵拖板　7—纵向移动螺旋

齿条形刀具的参数为：模数 $m=25\text{mm}$；压力角 $\alpha=20°$；齿顶高系数 $h_a^*=1$；顶隙系数 $c^*=0.25$。

被加工齿轮的分度圆直径 $d=200\text{mm}$。

（2）圆形齿轮范成仪（适用于 $m=20\text{mm}$ 的刀具）　该范成仪所用的两把刀具模型为齿条形插齿刀，主要构造如图 4-2 所示。其参数分别为：模数 $m_1=20\text{mm}$ 和 $m_2=8\text{mm}$，压力角 $\alpha=20°$，齿顶高系数 $h_a^*=1$，顶隙系数 $c^*=0.25$。圆盘 2 代表齿轮加工机床的工作台，固定在它上面的圆形纸代表被加工齿轮的轮坯，可以绕机架 5 上的轴心转动。齿条刀具 3 代表切齿刀具，安装在滑板 4 上。

当齿条刀具 3 的中线与被加工齿轮分度圆相切时，此时齿条中线与刀具中线重合（齿条刀具 3 中线与滑板 4 上的零刻度线对准）。推动滑板 4 时，被加工齿轮分度圆与齿条刀具中线做纯滚动，这是切制标准齿轮的状态。用铅笔依次描下齿条刃廓各瞬时位置，即可包络出渐开线齿廓。改变齿条刀具 3 的位置，即齿条刀具 3 的中线远离或接近被加工齿轮分度圆，移动的距离为 xm，可由滑板 4 的标度尺上读出，从而可切制变位齿轮。

2. 实验工具

学生自带圆规、三角尺、绘图纸（直径为 280mm 或 220mm 左右）、两种不同颜色的铅笔或圆珠笔等。

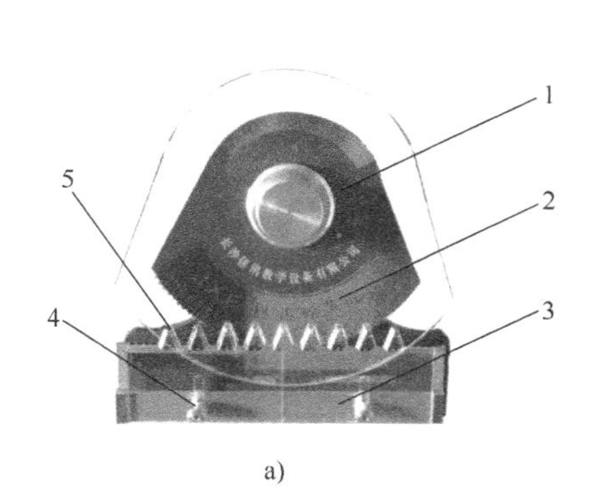

a)

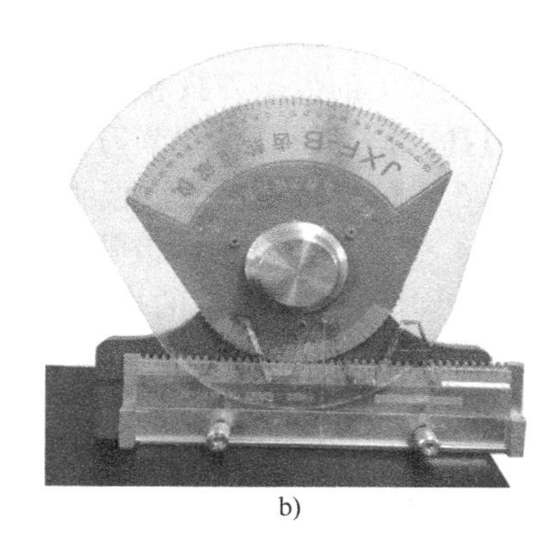

b)

图 4-2　圆形齿轮范成仪

1—压板　2—圆盘　3—齿条刀具　4—滑板　5—机架

四、实验原理

展成法是利用一对齿轮互相啮合时其共轭齿廓互为包络线的原理来加工轮齿的，加工时其中一个齿轮为刀具，另一个齿轮为轮坯，它们保持固定的角速比传动，完全和一对真正的齿轮互相啮合传动一样，同时刀具还沿轮坯的轴向做切削运动，这样切出的齿廓就是刀具切削刃在各位置的包络线。若用渐开线作为刀具齿廓，则其包络线也必为渐开线。

由于在实际加工时，刀具与轮坯都安装在机床上，在机床传动链的作用下，刀具与轮坯做定传动比的回转运动，与一对齿轮（它们的齿数分别与刀具和待加工齿轮的齿数相同）的啮合传动完全相同。在对滚过程中，刀具齿廓曲线的包络线就是待加工齿轮的齿廓曲线。刀具一边做径向进给运动（直至齿高），一边沿轮坯的轴线做切削运动，这样刀具的切削刃就可切削出待加工齿轮的齿廓。由于在实际加工时看不到切削刃包络出轮齿的过程，看不到切削刃在各个位置形成包络线的过程，故可通过齿轮范成仪来模拟轮坯与刀具间真实的传动过程。

实验中所用的齿轮范成仪相当于用齿条形刀具加工齿轮的机床，待加工齿轮的纸坯与刀具模型都安装在范成仪上，由范成仪来保证刀具与轮坯的对滚运动（待加工齿轮的分度圆线速度与刀具的移动速度相等）。用铅笔将刀具切削刃的位置画在绘图纸上，每次所描下的切削刃廓线相当于齿坯在该位置被切削刃所切去的部分，这样就能清楚地观察到切削刃廓线逐渐包络出待加工齿轮的渐开线齿廓的过程。

五、实验步骤

以半圆形工作台为例，实验步骤如下：

1）根据已知参数，计算出被切齿轮的齿数 z、基圆直径 d_b，以及标准齿轮的齿顶圆直径 d_a、齿根圆直径 d_f等数据。

2）计算不发生根切的最小变位系数 x_{min}，然后取变位系数 x（$x \geqslant x_{min}$），计算出变位齿轮的齿顶圆直径 d_a'、齿根圆直径 d_f'等数据。

3）以 O 为圆心，分别画出分度圆、基圆，以及标准齿轮和变位齿轮的齿顶圆、齿根圆，并将图样剪成直径比变位齿轮的齿顶圆直径大2～3mm的圆形。

4）取下范成仪上的齿条刀具和压板1，将图样装在范成仪上并压好压板1。

5）装上刀具，松开螺钉，调节刀具的位置，使刀具顶刃线与标准齿轮的齿根圆相切（此时齿条刀具3上的标尺刻度与滑板4上的零刻度线对准）。

6）将滑板4移至左（或右）极限位置，用铅笔或圆珠笔在图样上（代表被切齿轮的毛坯）画下刀具的齿廓在该位置上的投影线。然后将滑板4向右（或左）移动1mm的距离，直至滑板4移至右（或左）极限位置为止，描出刀具刃廓各瞬时位置，要求绘出两个以上的完整齿形，即为标准齿轮的渐开线齿廓。

7）松开螺钉，改变刀具径向位置，使刀具顶刃线与变位齿轮的齿根圆相切（这时刀具中线与被切齿轮分度圆分离，径向移动量为xm），用另一种颜色的笔在同一张图样上重复步骤6），描出刀具刃廓各瞬时位置，即为变位齿轮的渐开线齿廓。

8）取下图样，与本实验附图的标准齿轮齿廓和正变位齿轮齿廓图样进行比较，观察标准齿轮的根切现象，并分析比较标准齿轮与变位齿轮的齿形。

六、思考问答题

1）齿轮加工的方法有哪些？其加工原理是什么？

2）用展成法加工的齿廓曲线全部是渐开线吗？齿廓曲线由哪几部分组成？

3）变位齿轮与标准齿轮有哪些异同点？

4）产生根切的原因是什么？如何避免根切现象？

七、附图

标准齿轮齿廓和正变位齿轮齿廓图样。

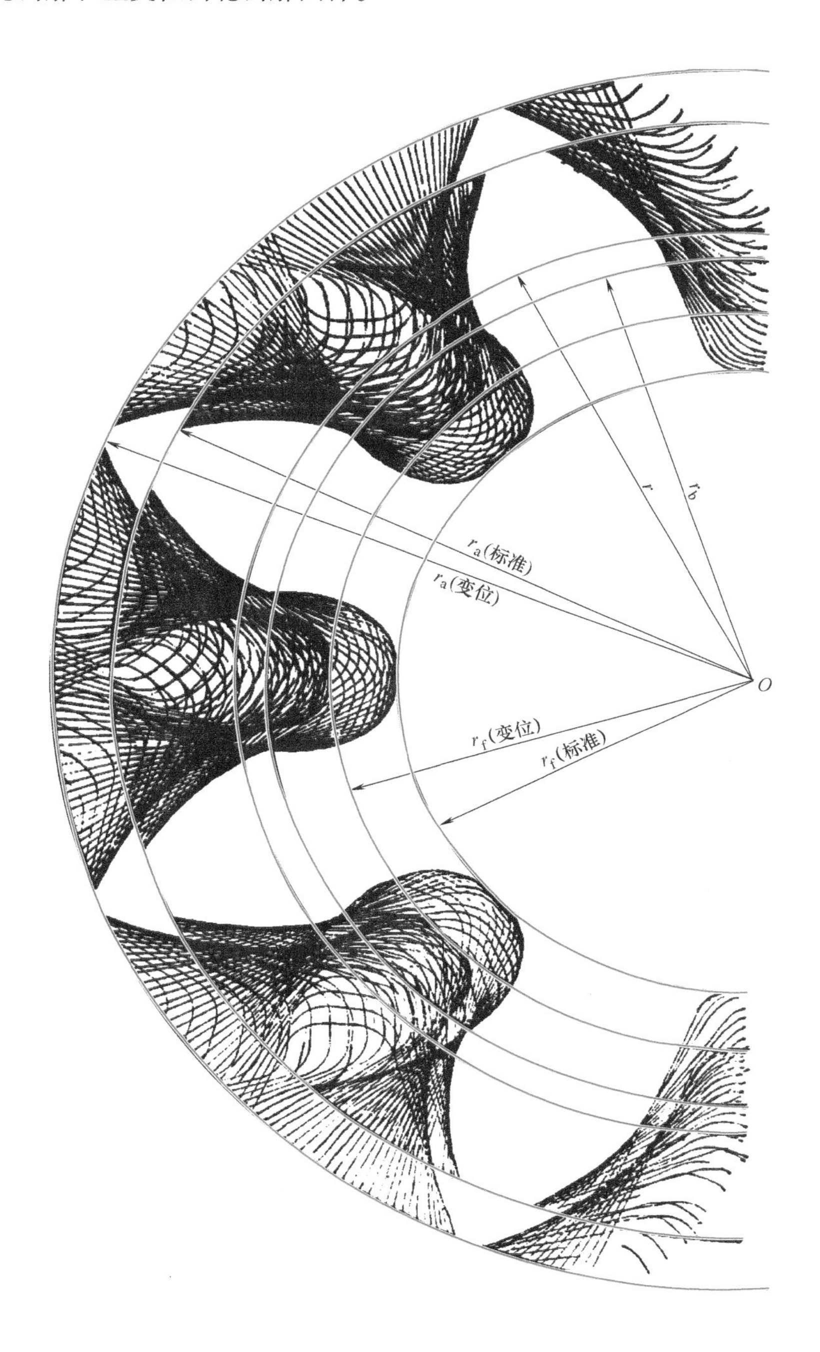

八、齿轮展成原理实验报告

齿轮展成原理实验报告

班　级：________ 学　号：________ 姓　名：________

同组者：________ 日　期：________ 成　绩：________

1. 实验目的

2. 原始数据

1）半圆形范成仪齿条参数。

$m=25\text{mm}$　　$\alpha=20°$　　$h_a^*=1$　　$c^*=0.25$

被加工齿轮参数：分度圆直径 $d=200\text{mm}$。

2）圆形范成仪齿条参数。

$m=20\text{mm}$　　$\alpha=20°$　　$h_a^*=1$　　$c^*=0.25$

被加工齿轮参数：分度圆直径 $d=160\text{mm}$。

3. 实验数据计算

名称	标准齿轮		变位齿轮	
	计算公式	结果	计算公式	结果
齿数 z				
基圆半径 r_b				
变位系数 x				
齿顶圆半径 r_a				
齿根圆半径 r_f				
分度圆齿厚 s				
齿顶圆齿厚 s_a				
基圆齿厚 s_b				

4. 齿廓图（参考附图，可另附页）

5. 实验结果比较

观察齿廓图，比较变位齿轮与标准齿轮，将比较结果填入下表内，比标准齿轮数值大者，在表格中填“＋”号；相同者填“＝”号；小于标准齿轮值者填“－”号。

类型	名称										
	分度圆直径	基圆直径	齿顶圆直径	齿根圆直径	齿距	分度圆齿厚	齿根圆齿厚	槽宽	齿顶宽	齿根高	齿高
正变位齿轮											
负变位齿轮											

6. 思考问答题

第五章
渐开线直齿圆柱齿轮参数测定实验

说 明

* 齿轮在使用过程中难免会损坏，这样就必须重做一个和原来一样的新齿轮。在实际工作中经常会碰到没有图样资料的情况，故需要对齿轮的参数进行实物测定。对某些机器进行测绘时同样也会有这些问题。本实验介绍了标准渐开线直齿圆柱齿轮基本参数测定的基本方法，有助于巩固课堂中所学的有关齿轮参数的基本知识和计算公式。本实验属于综合类实验，适合机械类、近机械类专业学生使用。

* 建议实验用时 2 学时。

一、实验目的

1）掌握应用游标卡尺测定渐开线直齿圆柱齿轮基本参数的方法。培养学生解决齿轮参数测定这一实际问题的动手能力。

2）通过测量和计算，进一步掌握有关齿轮各几何参数之间的相互关系和渐开线的性质。

二、实验内容

对渐开线直齿圆柱齿轮进行测量，每个学生测量两个齿轮，齿数为奇数和偶数的各一个。确定其基本参数，包括模数 m、压力角 α、齿高 h、齿顶高系数 h_a^*、顶隙系数 c^*，对于非标准齿轮，求出其变位系数 x。

三、实验设备与工具

1）待测齿轮分别为标准齿轮、正变位齿轮、负变位齿轮，齿数为奇数、偶数的齿轮各若干个。

2）游标卡尺，公法线千分尺。

3）渐开线函数表（自备）。

4）计算器（自备）。

四、实验原理及步骤

渐开线直齿圆柱齿轮的基本参数有齿数 z、模数 m、齿顶高系数 h_a^*、顶隙系数 c^*、分度圆压力角 α 和变位系数 x 等。本实验用游标卡尺等工具来测量，并通过计算来确定齿轮的基本参数。

1）直接观察得到一对待测齿轮的齿数 z_1 和 z_2。

2）测量一对齿轮的齿顶圆直径 d_{a_1} 和 d_{a_2} 及齿根圆直径 d_{f_1} 和 d_{f_2}。

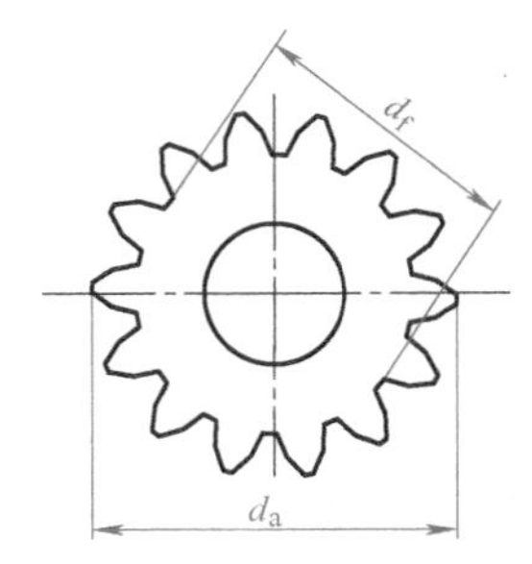

图 5-1　齿数为偶数时，直接测得 d_a 与 d_f

当齿数为偶数时，可用卡尺的测量爪卡住对称齿的齿顶及齿根直接测得齿顶圆直径 d_a 和齿根圆直径 d_f，如图 5-1 所示。当齿数为奇数时，用上述方法不能直接测得齿顶圆直径 d_a 和齿根圆直径 d_f，只能用间接测量法求得，如图 5-2 所示。方法为先测出定位轴孔直径 D、孔壁到齿根的距离 H_2、另一侧孔壁到齿顶的距离 H_1，然后用下式求出 d_a 和 d_f：

$$d_a = D + 2H_1, \quad d_f = D + 2H_2$$

3）测量公法线长度 W_K，以确定模数 m、压力角 α 及基圆齿厚 s_b。公法线的测量方法如图 5-3 所示，用游标卡尺的测量爪跨过齿轮的 K 个齿，测得齿廓间公法线长度为 W_K，然后再跨 $K+1$ 个齿，测得齿廓间公法线长度为 W_{K+1}。为了保证卡尺的两个测量爪与齿廓的渐开线部分相切，卡尺的两个测量爪所跨的齿数 K 应根据被测齿轮的齿数 z 参照表 5-1 选取。

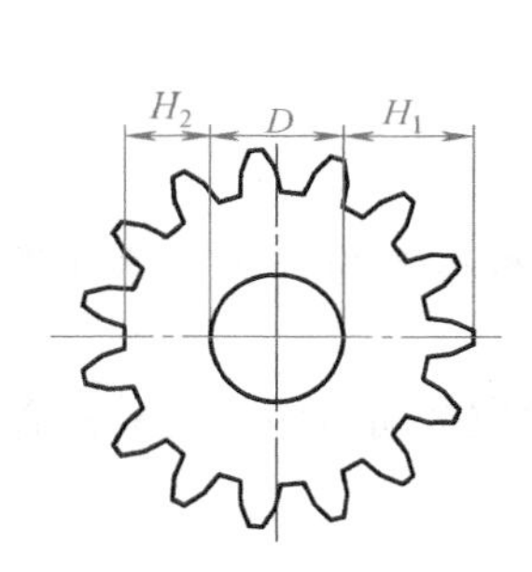

图 5-2　齿数为奇数时，间接测得 d_a 与 d_f

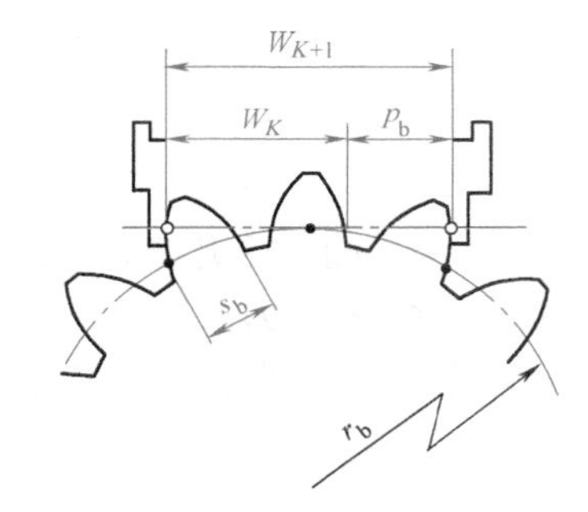

图 5-3　公法线的测量方法

表 5-1　跨齿数 K

齿数 z	12～18	19～27	28～36	37～45	46～54	55～63	64～72	73～81
跨齿数 K	2	3	4	5	6	7	8	9

由渐开线的性质可知，齿轮齿廓的公法线长度与其对应的基圆上的圆弧长度相等，即：

$$W_K = (K-1)\ p_b + s_b, \quad W_{K+1} = Kp_b + s_b$$

由此可得

$$p_b = W_{K+1} - W_K; \quad s_b = W_{K+1} - Kp_b$$

一对相啮合的齿轮的基圆齿距是相等的，所以经测量求得的 p_{b1} 和 p_{b2} 应近似相等。

由求得的 p_b 可按下式算出模数 m：

$$m=\frac{p_b}{\pi\cos\alpha} \tag{5-1}$$

压力角 α 的标准值一般为20°（常用）或15°（不常用），分别将这两个值代入式（5-1），可计算出与标准值相接近的一组模数（参照表5-2）和压力角，即为所求的值。一对相啮合的齿轮的模数、压力角相等。

表5-2　标准模数系列（GB/T 1357—2008）　　（单位：mm）

第一系列	1，1.25，1.5，2，2.5，3，4，5，6，8，10，12，16，20，25，32，40，50
第二系列	1.125，1.375，1.75，2.25，2.75，3.5，4.5，5.5，(6.5)，7，9，11，14，18，22，28，36，45

注：优先选用第一系列，其次是第二系列，应尽量避免采用第二系列中的法向模数6.5。

4）分度圆直径 d 和基圆直径 d_b 的计算式为：

$$d=mz,\quad d_b=d\cos\alpha$$

5）齿顶高 h_a 和齿根高 h_f 的计算式为：

$$h_a=(d_a-d)/2,\quad h_f=(d-d_f)/2$$

如果测得的 h_a、h_f 与 h_a^*m、$(h_a^*+c^*)$ m 的值非常接近，就可以认为所测齿轮为标准齿轮，以下第6)、7)、9）项不再进行，直接进行第8）项，测量、计算中心距。

6）分度圆齿厚 s 由公式

$$s_b=sr_b/r-2r_b(\text{inv}\alpha_b-\text{inv}\alpha)=s\cos\alpha+2r_b\text{inv}\alpha$$

可得　　$s=s_b/\cos\alpha-2r\text{inv}\alpha$（式中 s_b 已测出，$2r=mz$）

7）确定变位系数 x。变位后分度圆齿厚 $s=m$（$\pi/2+2x\tan\alpha$），故有：

$$x=(s/m-\pi/2)/(2\tan\alpha)$$

8）测量、计算无侧隙传动的齿轮中心距。用间接测量法测出实际中心距 $A=(A_1+A_2)/2$，如图5-4所示。

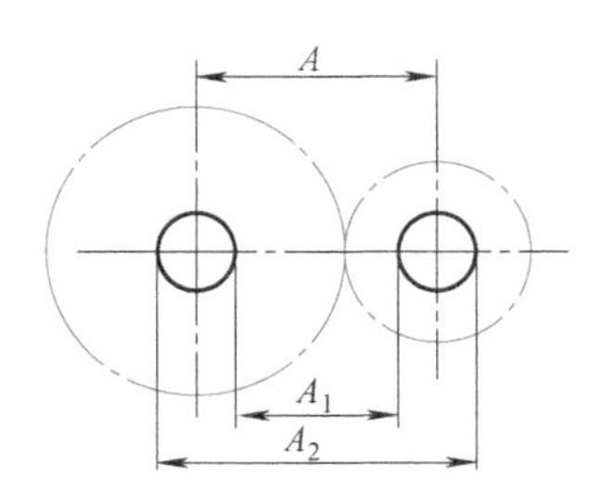

图5-4　用间接测量法测出实际中心距

由无侧隙啮合方程 $\text{inv}\alpha'=\text{inv}\alpha+[2(x_1+x_2)/(z_1+z_2)]\tan\alpha$ 求出 α'。

标准齿轮传动中心距为 $a=\frac{m}{2}(z_1+z_2)$。

变位齿轮传动中心距为 $a'=\frac{m}{2}(z_1+z_2)\cos\alpha/\cos\alpha'$。

9）确定齿顶高系数 h_a^* 和顶隙系数 c^*。因为

$$h_f=m(h_a^*+c^*-x)=(mz-d_f)/2$$

则
$$h_a^* + c^* = x + \frac{mz - d_f}{2m} \tag{5-2}$$

将所测得的结果和两组标准值（$h_a^* = 1$，$c^* = 0.25$ 和 $h_a^* = 0.8$，$c^* = 0.3$）代入式（5-2），较符合试等式的一组即为所求的值。

五、思考问答题

1）在实验中观察，当跨齿数 K 取值不恰当时会出现什么现象？测量公法线长度时，为了测量结果的正确性，应注意哪些问题？

2）两个齿轮的参数测定后，怎样判断它们能否正确啮合？如果能正确啮合，怎样判断它们的传动类型？

六、渐开线直齿圆柱齿轮参数测定实验报告

渐开线直齿圆柱齿轮参数测定实验报告

班　级：________________ 学　号：________________ 姓　名：________________
同组者：________________ 日　期：________________ 成　绩：________________

1. 测量数据记录

齿轮编号			No.				No.				
项目	符号	单位	测量数据			平均测量值	测量数据			平均测量值	备注
			1	2	3		1	2	3		
齿数	z										
跨齿数	K										
公法线长度	W'_K										
公法线长度	W'_{K+1}										
孔壁到齿顶距	H_1										
孔壁到齿根距	H_2										
孔内径	D										
齿顶圆直径	d'_a										
齿根圆直径	d'_f										
齿高	h'										

2. 基本几何参数计算

项目	符号	单位	计算公式	计算结果	
				No.	No.
模数	m				
压力角	α				
基圆齿距	p_b				
基圆齿厚	s_b				
变位系数	x				
齿顶圆直径	d_a				
齿根圆直径	d_f				
齿高	h				

3. 思考问答题

第六章

回转件平衡实验

说 明

* 本实验讲述了回转构件的平衡原理及目的，介绍了几种静、动平衡机的平衡原理、方法和步骤，实用性很强。本实验属于综合测试类实验，适合机械类、近机械类专业学生使用。

* 建议实验用时 2 学时。

一、回转件平衡的目的

机械中有许多构件是绕固定轴线回转的，这类做回转运动的构件称为回转件（或称转子）。如果回转件的结构不对称、制造不准确或材质不均匀，都可能使其中心惯性主轴与回转轴线不重合而产生离心惯性力。这种惯性力引起的附加动压力会增加运动副的摩擦和磨损，降低机械的效率和使用寿命，使机械及其基础产生振动，严重时可能使机器遭到破坏。

每个回转件都可看作是由若干质量组成的，如图 6-1 所示，质量为 m 的转子，其质心 C 到回转轴心线 $O—O'$ 的距离为 r，当转子以角速度 ω 转动时产生的离心力 F 为

$$F = mr\omega^2$$

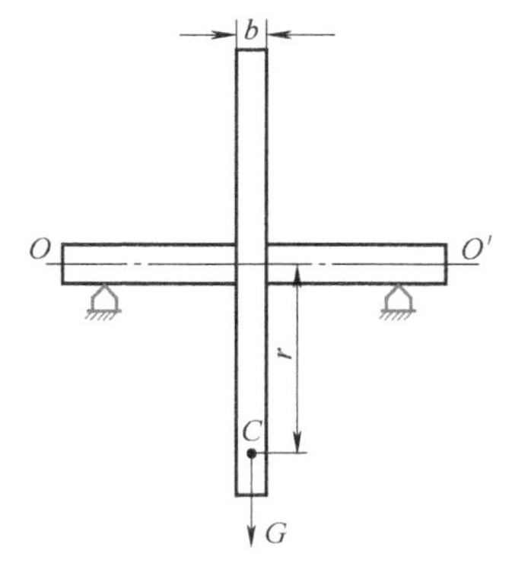

图 6-1　转子系统

由于离心力一般都是周期性变化的，在轴承中会引起一种附加的动压力，从而增大构件中的内应力，使整个机械产生周期性的振动。如果其振动频率与机械的固有频率接近，不仅会影响到机械本身，周围的工作机械及厂房建筑也会受到影响甚至被破坏。随着高速重型机械和精密机械的发展，上述问题就更加突出。因此，通过调整回转件的质量分布，使回转件工作时的离心力系平衡，以消除附加动压力，尽可能减轻有害的机械振动，这就是回转件平衡的目的。

二、回转件的平衡实验方法简介

不对称于回转轴线的回转件，可以根据质量分布情况计算出使它满足平衡条件所需的平衡质量，这和对称于回转轴线的回转件一样，只在理论上达到完全平衡。由于计算、制造和装配误差以及材质不均匀等原因，往往仍达不到预期的平衡，因此在生产过程中还需用实验的方法加以平衡。根据质量分布的特点，平衡实验法分为以下两种。

1. 静平衡实验法

对于圆盘形回转件，设圆盘直径为 D，其宽度为 b，当 $D/b \geqslant 5$ 时，若质心偏离回转轴线，当其转动时会产生离心惯性力。利用静平衡架找出不平衡质径积的大小和方向，并由此确定校正质量的大小和位置，使质心移到回转轴线上以达到静平衡，这种方法称为静平衡实验法。

2. 动平衡实验法

由动平衡原理可知，轴向尺寸较大的回转件，必须分别在任意两个回转平面各加一个适当的校正质量，才能使回转件达到平衡。令回转件在动平衡实验机上运转，然后在两个选定的平面内分别找出所需校正质量的大小和方位，从而使回转件达到动平衡的方法，称为动平衡实验法。对于 $D/b<5$ 的回转件或有特殊要求的重要回转件，一般都要进行动平衡实验。

三、刚性转子静平衡实验

1. 实验目的

掌握回转件静平衡的实验方法。

2. 实验设备与器材

本实验需要使用导轨式静平衡装置、实验转子、天平、水准仪和若干橡皮泥。

3. 实验原理

图6-2所示为导轨式静平衡装置。平衡架上两根互相平行的钢制刀口形导轨被安装在同一水平面内。实验时将回转轴放在导轨上。若回转件质心不在包含回转轴线的铅垂面内，则由于重力对回转轴线的静力矩作用，回转件将在导轨上发生滚动。滚动停止时，质心 S 即处在最低位置，由此确定出质心偏移方向。再用橡皮泥在质心相反方向加一适当的校正质量，并逐步调整其大小和径向位置，直到该回转件在任意位置都能保持静止。这时所加的校正质量与其向径的乘积即为该回转件达到静平衡需加的质径积。根据该回转件的结构情况，也可在质心偏移方向去掉同等大小的质径积来实现静平衡。

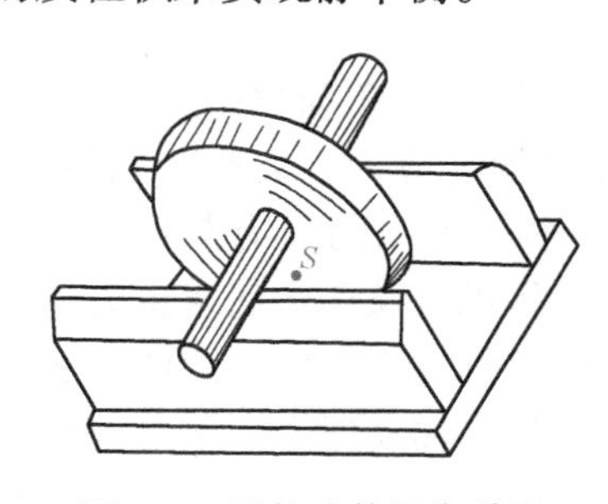

图6-2　导轨式静平衡装置

导轨式静平衡装置简单可靠，其精度也能满足一般生产需要，它的缺点是不能用于平衡两端轴径不等的回转件。

4. 实验步骤

1）将水准仪置于静平衡装置导轨的两个方向，旋动静平衡装置的螺钉，使其导轨处于水平位置。

2）确定实验转子质心偏移方向线。如图6-2所示，将试件（转子）置于静平衡装置导轨上，使其自由转动，待其静止后记下最低点位置；然后再让其反方向转动，静止后再记下其最低点位置。若上述两个位置不重合，可认为试件质心位于两最低位置的中点与回转中心的连线上。

3）确定校正质量大小。在转子的回转中心与质心连线的反向轮缘处粘上适量的橡皮泥后，再重复上述操作，直到试件能在任何位置静止不动为止。量取校正质量对回转中心的距离，在天平上称出校正质量的大小，并将所加各橡皮泥的质量 m 与其到回转中心的距离 r 记录下来。

4）计算质径积，以便在试件的适当位置进行永久性平衡（即加重或去重）。

四、闪光式动平衡实验

1. 实验目的

1）巩固动平衡的理论知识。

2）熟悉动平衡机的工作原理及刚性转子动平衡的基本方法。

2. 实验设备与器材

本实验需要使用弹性支承动平衡机（RYS—100B型、RYS—30型闪光式动平衡机）、实验转子、天平和若干橡皮泥。

3. 实验原理

在绕固定轴线转动的刚性回转件中，如多缸发动机曲轴、电动机转子等，它们的质量分布于沿轴向的许多互相平行的平面内。当回转件转动时，不平衡质量所产生的离心力构成一个空间力系。该力系的合力和合力偶矩一般不等于零，因而引起回转件支承内的动压力和周期性振动，且支承的振幅与回转件上各分布质量离心力的合力成正比，振动频率与回转件的转动频率相同。因此，根据回转件支承的振幅、周期及相位，即可确定回转件质量分布的不平衡情况。

由动平衡原理可知，对于轴向尺寸较大的回转件，其质量分布不在同一回转面内。为使其平衡，必须分别在两个任选的回转面（即平衡校正面）内各加上或去掉适当的平衡质量，使得回转件在回转时所产生的离心力系的合力和合力偶矩都为零，此时回转件支承的振动也将消失。

因材料不均匀、制造误差和几何形状不规则等因素影响，回转件会出现不平衡情况。因此，几乎所有回转件的动平衡问题都必须通过动平衡实验解决。动平衡实验法就是利用各种测试手段测出被测回转件转动时支承的振动情况，从而指示出回转件的不平衡情况，也由此来显示回转件平衡的精度。

4. 弹性支承动平衡机简介

平衡回转件的方法随所用动平衡机的不同而有所改变，但大体的结构原理如图6-3

所示。

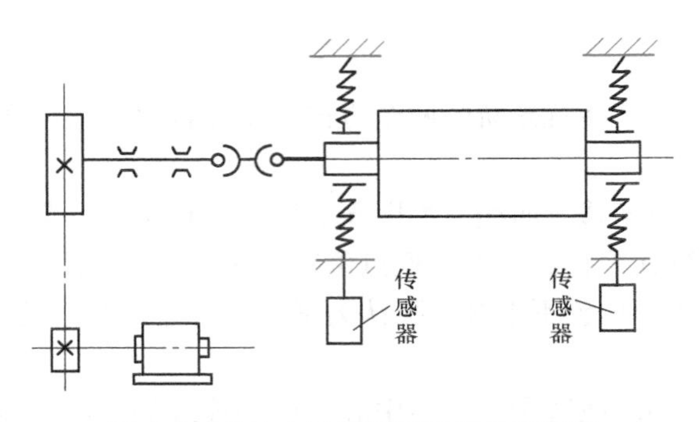

图6-3　弹性支承动平衡机结构原理图

弹性支承的动平衡机类型很多，这里介绍的是闪光式动平衡机，如图6-4所示。它是利用闪光灯来寻找不平衡的相位，利用电流表来度量不平衡量大小的一种动平衡机，由左右摇摆架、传感器、闪光灯、传动系统、电气测试系统等部分组成。其主要参数如下：平衡转子质量范围，5～100kg；平衡转子最大质量直径，ϕ650mm；平衡转子最大质量轴径，ϕ80mm；平衡转速，1700～2700r/min；最小平衡检测量，小于0.5μm；仪表灵敏度，大于0.2μm/格；相对误差，±15°。

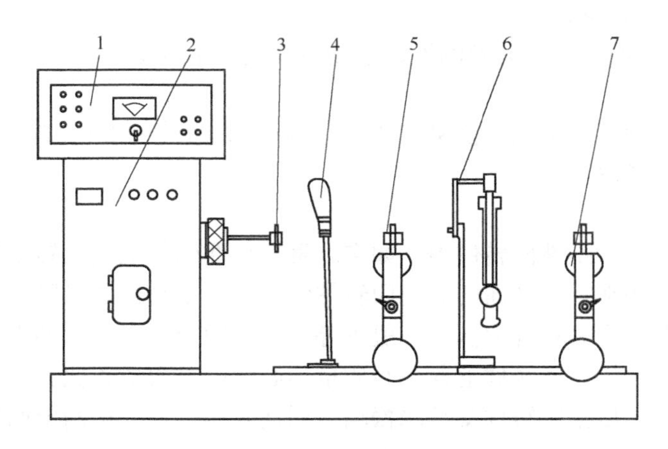

图6-4　闪光式动平衡机示意图

1—电测箱　2—车头箱　3—万向联轴器　4—闪光灯
5—转子支架　6—带传动架　7—传感器

传动部分主要由底座、电动机、带轮、惰轮、传动带拉紧杆等构件组成（参照实物）。对于不同长度的试件，可移动传动架和电动机底座，以使试件和带传动系统处于正确位置上。必要时，可调换备用带轮和传动带，以适应不同试件所需要的平衡转速。停车时，采用电动机反向制动。

弹性支承由V形支承和悬挂弹簧构成，用于支承转子。转动时转子不平衡质量将产生离心力，离心力的水平分力使弹性支承在水平方向按正弦规律振动。该振动的振幅与转子不平衡质径积成正比，振动频率为转子的转动频率，振动由传感器检测。

该平衡机的电测系统安放在电测箱里，如图6-5所示。电测系统由面分离电路、前置放大器、选频电路、脉冲电路、闪光电路等组成。

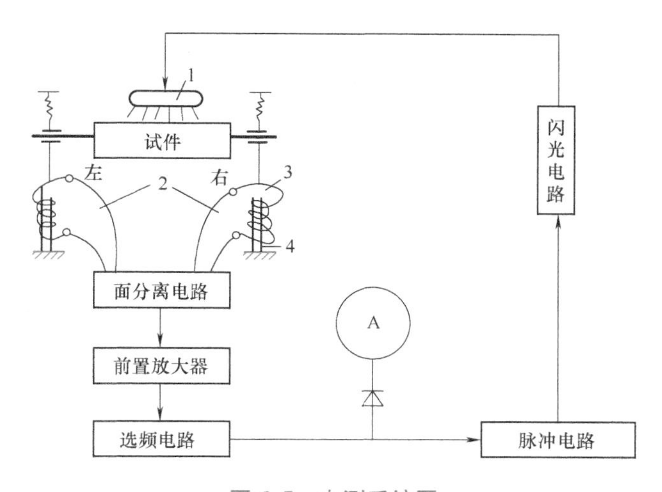

图6-5 电测系统图

1—闪光灯 2—传感器 3—线圈 4—磁钢

当实验转子在支架上做高速旋转时，传感器将测到的振动信号转变成电信号（注意该信号含许多不同频率的分量），并输入到面分离电路中；通过面分离电路消除两个校正面间的相互影响，分离出左、右校正面的电信号；通过前置放大器，将信号放大。再经选频电路选出与回转件转动频率相对应的电信号，抑制其谐波分量，放大其基波分量。被放大的基波信号一路经二极管整流检出幅值，由直流电流表读出校正面上与不平衡质量相对应的示值，这时电流表的读数达到最大示值；另一路经脉冲电路将正弦波信号转化成对称的方波信号，并将其负脉冲输入闪光电路触发闪光灯，形成同步闪光。此时，回转件上的不平衡质量也正好转到水平位置。在一个周期中，只有回转件偏轻或偏重的一边被照亮，由于人的视觉暂留缘故（视觉映像原理），回转件每个瞬间的照亮部位都累积起来，回转件偏轻或偏重的位置就被显示出来。通过电测箱上的“轻、重”选择开关，可以使闪光灯照亮回转件上轻或重的方位。

5. 实验步骤

（1）单件校核法

1）将转子轻放在摇摆架上，套上无接头平带，并适当张紧平带，然后在轴承处加润滑油进行润滑，在轴端用粉笔做标记。

2）接通动平衡机电源，预热10min。

3）起动电动机电源，使转子旋转。

4）将“输入衰减”开关调至高挡（如1∶100），若电流表读数偏小，则将该开关顺时针调至低倍衰减位置，使电流表指示适当值。

5）调节“频率范围”开关位置，使频闪范围与转子转速相适应。

6）转动“频率调节”微调，使电流表读数为最大值，这时闪光灯的频闪与转子转速一致。

7）将“轻、重”开关指向“重”。

8）转动闪光灯，照射转子轴端使标记清晰可见。

9）将“左、右”开关转向“左”位置，这时接通左支架传感器线路，电流表和闪光灯指示转子左端不平衡量的大小和位置，记下电流表读数和不平衡位置。再将“左、右”开关转向“右”位置，则接通右支架传感器线路，此时仪表所显示的量是转子右端不平衡量的大小和位置，记下电流表读数和不平衡位置。

10）关机使转子停转，分别在转子左、右两端的校正平面上加平衡质量，所加平衡质量的位置应在该校正面“轻”点处，所加平衡质量的大小与电流表读数呈线性关系。

11）再次起动平衡机，若此时对应于两端面的电流表读数都相应减小，而不平衡位置仍在原处，则说明所加平衡质量还不够，应增大平衡质量。这样反复几次，待电流表读数在信号不被衰减的情况下小于10格，并且转子端面所做的粉笔标记在闪光灯的照射下已变化为模糊线条时，说明被平衡的转子已经平衡，实验结束。

（2）成批校核法　对同一类型、相同平衡转速的工作物，可采用成批校核法以提高工作效率，具体操作步骤如下：

1）首先按照单件校核法，平衡好第一件工作物应平衡到尽可能好的程度，此工作物作为校核转子。

2）在已平衡好的校核转子的左校正面上，加上一个已知质量，如2g，电流表指示的读数为左校正面由于2g偏重而反映的不平衡读数。使“左、静、右”开关指向“右”，此时电流表的读数为左端面影响到右端面的不平衡量。要消除它，需用“右面”旋钮来调节，使电流表读数为最小。

3）右校正面同理，将已知2g的质量从左校准面取下加到右校准面上，操作方法与步骤2）相似。

以上“面”的分离已结束，将这两个旋钮固定不再调节。

为了使左、右校正面加同样质量后，两个传感器的输出灵敏度一致，电流表读数又取同一个整数，可调节“左量”和“右量”旋钮。

4）紧接着步骤3)，将“左、静、右”开关指向“右”，电流表读数若为23格，为计算方便起见，可将“右量”旋钮调至20整格，此时电流表每1格读数约代表$\frac{1}{20}$g质量，即每格代表0.1g质量。

5）将已知2g质量由右校准面上取下，加到左校正面上，将“左、静、右”开关指向“左”，调节“左量”旋钮，使电流表读数同测右端面时一致。以上“量”的调整也结束，将这两个旋钮固定后不再调节，电流表标定结束。

6）以后对同类型工作物的平衡，可根据其电流表读数折算成不平衡量的大小进行加重或去重，从而提高了工作效率。

五、智能动平衡实验

1. 实验目的

1）巩固刚性转子动平衡的基本理论知识。

2）掌握刚性转子动平衡实验的原理和基本方法。

3）熟悉动平衡实验机的工作原理及使用方法。

2. 实验设备与器材

智能动平衡机（DPH—IV 型智能动平衡机）、实验转子、天平和若干橡皮泥。

3. 实验台结构及其工作原理

智能动平衡实验台结构如图 6-6 所示，将不平衡的工件安装在回转工件支架上并转动，工件及支架将产生振动，由安装在支架上的传感器接收该振动信号。该信号经过积分，消除转速的影响，再经过滤波器，滤掉杂波信号，加到自动程控放大电路，经放大后通过 AD 转换变成数字信号，数字信号由一体机进行数据处理，最后在屏幕上显示出来，即两个校正平面上不平衡质量的大小和位置。分别在两个校正平面内根据测试结果去除或增加相应的质量，使工件的质量重新分布，使其各质量所产生的离心力的合力和合力偶矩都等于或小于允许值，使工件达到动平衡。

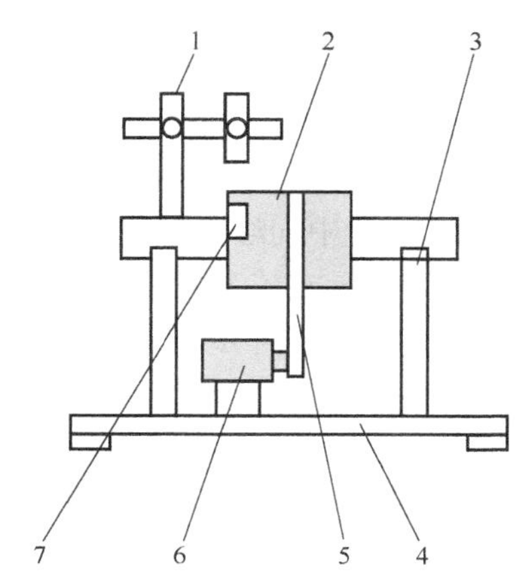

图 6-6　智能动平衡实验台结构简图

1—光电传感器　2—转子　3—回转工件支架
4—减振底座　5—传送带
6—电动机　7—零位标志

4. 实验台主要参数

1）转子质量，$w=1\text{kg}$。

2）电动机转速范围，$n=0\sim20000\text{r/min}$。

3）最小可达剩余不平衡量，0.2g · mm/kg。

4）一次不平衡量减少率，95% 以上。

5. 实验软件界面介绍

智能动平衡实验台软件界面如图 6-7 所示。

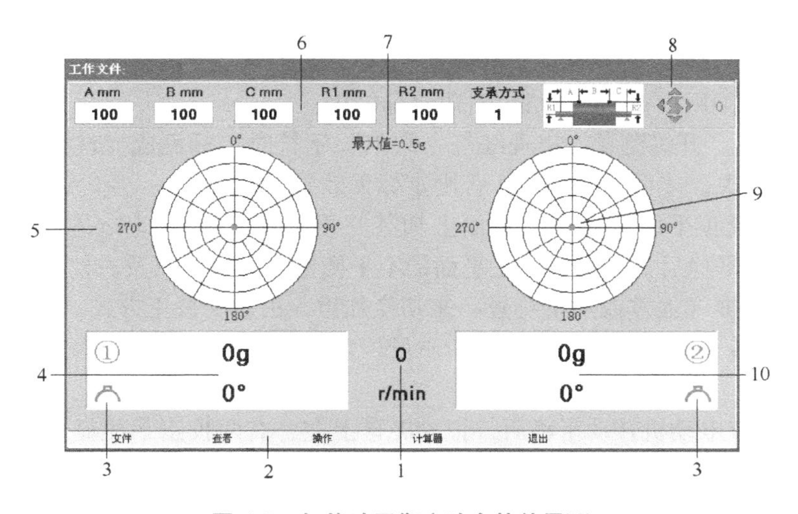

图 6-7　智能动平衡实验台软件界面

1）可以直接显示当前实际转速（单位为 r/min）。

2）菜单项，包括文件（各转子的尺寸）的打开、保存、删除、界面的切换、工件设定、定标、补偿、允许不平衡量的计算和退出。

3）加重方式或去重方式调整：单击触摸屏（去重或加重符号）来切换加重、去重的校正方式。

4）显示左校正平面不平衡的质量和相位角。

5）界面：有3种界面可供切换（圆形图、波形图、历史记录）。

6）工作参数输入区域：包括 A、B、C、$R1$ 、$R2$ 和支承方式。A 为左支承点到左校正面的距离；B 是两校正面的距离；C 是右支承点到右校正面的距离；$R1$ 为左校正面的半径；$R2$ 为右校正面的半径。此处距离以 mm 为单位。

7）两表盘之间中央显示的数值表示当前表盘满刻度的幅值。

8）通信窗口，屏幕右上角印有“S”字样是识别平衡机工作的标志，红字为串口通信正常，黑字为串口通信不正常。

9）表盘中间红色圆点也用来表示校正角度和幅值。

10）显示右校正平面不平衡的质量和相位角。

6. 实验方法与步骤

1）打开触摸屏开关，进入动平衡实验主界面。

2）打开电源开关，调整电动机转速（如600r/min左右），并将光电传感器移近转子带轮，调整转子，使之每转一周光电传感器反应一次。

3）定标。先对左校正平面定标，然后对右校正平面定标，具体步骤如下：

① 将一个已知试重加到工件左边的某个角度上（一般加在零度）。

② 输入该试重的量值和角度。

③ 开机测量。

④ 出现红色“OK”字符时关机，左边定标结束。

⑤ 将左边试重移动到工件右边的某个角度上（一般加在零度）。

⑥ 输入该试重的量值和角度，同左校正平面。

⑦ 开机测量。

⑧ 出现红色“OK”字符时关机，右边定标结束。

⑨ 将试重取下，开机测量。出现红色“结束”字符时定标完成（注意：一定要等到定标结束界面自动消失，才可开始实验，否则定标无效）。

4）在转子左校正平面或右校正平面上加某一不平衡质量（如1g左右的磁铁块）。开机，等电动机转动平稳后，记录左校正平面的不平衡量和角度，以及右校正平面的不平衡量和角度。单击触摸屏（去重或加重符号）来切换加重、去重的校正方式。

5）停机。在转子待平衡面所加不平衡质量位置的对面即180°处加等量配重，以取得初步平衡。

6）再开机。待电动机转动平稳后，记录屏幕上左、右两校正平面显示的不平衡质量的大小和相位角。

7）停机。根据屏幕上显示的不平衡质量的大小和相位角，在两校正平面对应位置处加等量配重。

8）重复步骤6）和7），直到实验转子达到平衡要求为止，如果左、右两校正平面显示的不平衡质量已经很小了（如0.05g以下），则实验结束。

六、思考问答题

1. 动平衡与静平衡的主要区别是什么?

2. 在需要平衡的转子上如何选择校正平面?静平衡至少需要几个校正平面?动平衡至少需要几个校正平面?

3. 哪些类型的试件需进行动平衡实验，经动平衡后的转子是否还需要进行静平衡实验，为什么?

七、闪光式动平衡实验报告

闪光式动平衡实验报告

班　级：________ 学　号：________ 姓　名：________
同组者：________ 日　期：________ 成　绩：________

1. 实验条件

动平衡机型号：

转子质量：　　　　kg　　　　平衡转速：　　　　r/min

加平衡质量处的半径：

左平衡面：　　　　cm　　　　右平衡面：　　　　cm

2. 实验数据

项目	次序	输入衰减挡位	显示装置读数	不平衡量位置	所加平衡质量/g	备注
左平衡面	1					
	2					
	3					
	4					
	5					
	6					
	7					
	8					
右平衡面	1					
	2					
	3					
	4					
	5					
	6					
	7					
	8					

3. 结论与分析

4. 思考问答题

八、智能动平衡实验报告

智能动平衡实验报告

班　级：________ 学　号：________ 姓　名：________
同组者：________ 日　期：________ 成　绩：________
实验台类型编号：________ 转子平均转速：________
转子质量：________ 加平衡块处半径：________

1. 实验目的

2. 实验原理

3. 实验步骤

4. 实验数据

项目	次序	实验内容	不平衡质量	相位角
一平衡面	1	加不平衡块		
	2	第一次加配重块（初步平衡）		
	3	第二次加配重块		
	4	第三次加配重块		
二平衡面	5	加不平衡块		
	6	第一次加配重块（初步平衡）		
	7	第二次加配重块		
	8	第三次加配重块		

注：次序 4 根据需要进行。

5. 思考问答题

第七章 机构组合与创新设计实验

说 明

* 随着科学技术的发展，产品更新换代的速度越来越快。一个产品在市场上是否具有竞争力，在很大程度上取决于产品的设计。机械设备一般都需要实现生产工艺动作过程和操作过程的自动化，这有赖于新机构的创新设计和各种机构的组合应用。机械运动方案的设计，除了需要掌握各种典型机构的工作原理、结构特点和设计方法外，还需要选择和构思灵巧的动作过程来完成机械的功能要求。本实验属于创新设计类实验，适合机械类、近机械类专业及学有余力的各专业学生开展课外科技创新活动使用。

* 建议不占用课内实验学时，安排在学生课外科技活动时间或创新课程中。

一、实验目的

1）加深学生对机构组成原理的认识，熟悉杆组的概念，进一步了解机构组成及其运动特征。

2）利用若干不同的杆组，拼接不同的机构，培养学生的创新意识及综合设计能力。

3）提高学生的工程实践动手能力。

二、实验设备与工具

1. 机械运动创新方案拼接实验台组件参数（表 7-4）

1）凸轮：基圆半径为 18mm，从动推杆的行程为 30mm。

高副锁紧弹簧：凸轮与从动杆之间的高副形成是依靠弹簧力的锁合。

2）齿轮：模数为 2，压力角为 20°，齿数为 34 或 42，两齿轮中心距为 76mm。

3）齿条：模数为 2，压力角为 20°，单根齿条全长为 422mm。

4）槽轮拨盘：两个主动销。

5）槽轮：四槽。

6）主动轴：动力输入用轴，轴上有平键槽。

7）转动副轴（或滑块）—3（“—3”表明同类零件的标号，见本章表7-4，下文同）：主要用于跨层面（即非相邻平面）的转动副或移动副的形成。

8）扁头轴：也称为从动轴，轴上无键槽，用于支承和固定从动构件。

9）主动滑块插件：与主动滑块座（10#，10#表示零件标号，见本章表7-4，下文同）配用，形成主动滑块。

10）主动滑块座：与直线电动机齿条固连形成主动件，且随直线电动机齿条做往复直线运动。

11）连杆（或滑块导向杆）：其长槽与滑块形成移动副，其圆孔与轴形成转动副。

12）转动副轴（或滑块）—4：轴的扁头主要用于两构件形成转动副；轴的圆头主要用于两构件形成移动副。

13）转动副轴（或滑块）—2：与固定转轴块（20#）配用，可在连杆长槽中的某一位置固定并形成转动副。

14）转动副轴（或滑块）—1：用于两构件形成转动副或两构件形成移动副时作滑块用。

15）带垫片螺栓：规格为M6，转动副轴与连杆之间构成转动副或移动副时用带垫片的螺栓联接。

16）压紧螺栓：规格为M6，与压紧连杆垫片（24#）配用，转动副轴与连杆形成同一构件时用该压紧螺栓联接。

17）运动构件层面限位套：用于不同构件运动平面之间的距离限定，以免发生构件之间的运动干涉。

18）主动轴带轮：固定在主动轴上，使主动构件转动。

19）盘杆转动轴：盘状零件（如1#、2#）与其他构件（如连杆）形成转动副时使用，也可以用于连杆或三连杆形成转动副。

20）固定转轴块：用连杆加长螺栓（21#）将固定转轴块锁紧在连杆长槽上，转动副轴（或滑块，13—1#或13—2#）可与该连杆在选定位置形成转动副。

21）连杆加长螺栓、螺母：用于两连杆加长时的固定；与弹簧压紧垫片（25#）配用，固定弹簧的位置；用于齿条导向板与齿条的固定。

22）曲柄双连杆部件：用于一个主动构件同时提供两个曲柄的机构运动方案。

23）齿条导向板：将齿条夹紧在两块齿条导向板之间，可保证齿轮与齿条的正常啮合。

24）压紧连杆垫片：与压紧螺栓（16#）配用，固定连杆时用。

25#～44#零部件的参数参见表7-4“机械运动创新方案实验台组件清单”。

2. 直线电动机与行程开关

直线电动机可提供直线运动动力，速度为10mm/s。直线电动机安装在实验台机架底部，并可沿机架底部的长槽移动电动机。直线电动机的长齿条即为机构输入直线运动的主动件。在实验中，允许齿条单方向移动的最大位移为300mm，可根据主动滑块的位移量确定直线电动机两行程开关的相对距离，并且将两行程开关的最大安装距离限制在300mm以内。

3. 直线电动机控制器

该控制器采用机械与电子组合设计方式，控制电路采用低压、微型，非常安全与方便。控制器的前面板采用LED显示方式，当控制器的前面板与操作者是面对面的位置关系时，控制器上的发光管指示直线电动机齿条的位移方向。控制器的后面板上布置了带熔丝管的电源线插座及与直线电动机、行程开关相连的7芯航空插座。

直线电动机控制器使用时的注意事项如下：

1）必须在直线电动机控制器的外接电源关闭的状态下进行外接线的连接工作，严禁带电工作。

2）直线电动机外接线上串接了连线塑料盒，严禁挤压、摔倒该塑料盒。

3）未拼接机构运动前，在预设直线电动机的行程后，务必调整直线电动机行程开关相对电动机齿条上主动滑块座（10#）底部的高度，确保电动机齿条上的主动滑块座能有效碰撞行程开关，使行程开关动作灵活，防止电动机直齿条脱离电动机主体或断齿。如果出现行程开关失灵情况，请立即切断直线电动机控制器的电源。

4. 旋转电动机

旋转电动机可提供旋转运动动力，转速为10r/min，安装在实验台机架底部，并可沿机架底部的长槽移动电动机。电动机上连有220V、50Hz的电源线及插头，连线上串接了连线盒及电源开关。使用旋转电动机控制器时应注意如下事项：旋转电动机外接线上串接了连线塑料盒，严禁挤压、摔倒该塑料盒，使用中务必轻拿轻放。

5. 工具

M5、M6、M8内六角扳手、活扳手、1m卷尺、笔和纸。

三、机械设计方案创新原理

所谓机械创新设计（Mechanical Creative Design，MCD），是指充分发挥设计者的创造力，利用人类已有的相关科学技术成果（含理论、方法、技术原理等）进行创新构思，设计出具有新颖性、创造性及实用性的机构或机械产品（装置）的一种实践活动。机械创新设计强调了人在设计过程中，特别是在方案结构设计阶段中的主导性及创造性作用。

机械创新设计作为一种实践活动，必须有赖于大量独立的、成功的机械创新设计实例，通过实验，学生可以初步提炼总结出机械创新设计的由个别实例研究到归纳总结出一般性原则、方法的过程，也就是机械创新设计的一种基本研究方法。

机械产品的设计是为了满足产品的某种功能要求。机构运动简图设计是机械产品设计的第一步，设计的好坏直接影响机械产品的质量、水平的高低，性能的优劣和经济效益的好坏，是关键性的一步。

1. 机构运动简图的设计内容

（1）功能原理方案的设计和构思　根据机械所要实现的功能，采用有关的工作原理，并由此出发设计和构思出工艺动作过程，这就是功能原理方案设计。

（2）机械运动方案的设计　根据功能原理方案中提出的工艺动作及各个动作的运动规律要求，选择相应的若干个执行机构，并按一定的顺序把它们组成机构运动示意图。机械运动方案的设计是机构运动简图设计中的型综合。

（3）机构运动简图的尺度综合　根据机械运动方案中各执行机构工艺动作的运动规律和机构运动简图的要求，通过分析、计算，确定机构运动简图中各构件的运动学尺寸。在进行尺度综合时，应同时考虑其运动条件和动力条件，否则不利于设计性能良好的新机械。

2. 机构运动简图设计的一般程序

（1）机械总功能的分解　将机械需要完成的工艺动作过程进行分解，即将总功能分解成多个功能元，找出各功能元的运动规律和动作过程。

（2）功能原理方案确定　将总功能分解成若干个功能元之后，对功能元进行求解，即将需要的执行动作，用合适的执行机构来实现。将功能元的解进行组合、评价、选优，从而确定其功能原理方案，即机构系统简图。

为了得到能实现功能元的机构，在设计中，需要对执行构件的基本运动和机构的基本功能有一个全面的了解。

1）执行机构的基本运动。常用执行构件的运动形式有回转运动、直线运动和曲线运动三种。回转和直线运动是最简单的机械运动形式。按运动有无往复性和间歇性，执行构件的基本运动形式见表7-1。

表7-1　执行构件的基本运动形式

序号	运动形式	举例
1	单向转动	曲柄摇杆机构中的曲柄、转动导杆机构中的转动导杆、齿轮机构中的齿轮
2	往复摆动	曲柄摇杆机构中的摇杆、摆动导杆机构中的摆动导杆
3	单向移动	带传动机构或链传动机构中的输送带（链）移动
4	往复移动	曲柄滑块机构中的滑块、牛头刨床机构中的刨头
5	间歇运动	槽轮机构中的槽轮、棘轮机构中的棘轮、凸轮机构，连杆机构也可以构成间歇运动
6	实现轨迹	平面连杆机构中的连杆曲线、行星轮上任意点的轨迹等

2）机构的基本功能。机构的功能是指机构实现运动变换和完成某种功能的能力。利用机构的功能可以组合成完成总功能的新机械。常用机构的基本功能见表7-2。

表7-2　常用机构的基本功能

序号	基本功能		举例
1	变换运动形式	转动←→转动	双曲柄机构、齿轮机构、带传动机构、链传动机构
		转动←→摆动	曲柄摇杆机构、曲柄滑块机构、摆动导杆机构、摆动从动件凸轮机构
		转动←→移动	曲柄滑块机构、齿轮齿条机构、挠性输送机构、螺旋机构、正弦机构、移动推杆凸轮机构
		转动→单向间歇转动	槽轮机构、不完全齿轮机构、空间凸轮间歇运动机构
		摆动←→摆动	双摇杆机构
		摆动←→移动	正切机构
		移动←→移动	双滑块机构、推杆移动凸轮机构
		摆动→单向间歇转动	齿式棘轮机构、摩擦式棘轮机构
2	变换运动速度		齿轮机构（用于增速或减速）、双曲柄机构
3	变换运动方向		齿轮机构、蜗杆机构、锥齿轮机构等

（续）

序号	基本功能	举例
4	进行运动合成（或分解）	差动轮系、各种二自由度机构
5	对运动进行操作或控制	离合器、凸轮机构、连杆机构、杠杆机构
6	实现给定的运动位置或轨迹	平面连杆机构、连杆-齿轮机构、凸轮连杆机构、联动凸轮机构
7	实现某些特殊功能	增力机构、增程机构、微动机构、急回特性机构、夹紧机构、定位机构

3）机构的分类。为了使所选用的机构能实现某种动作或有关功能，还可以将各种机构按运动转换的种类和实现的功能进行分类。按功能进行机构分类的情况见表 7-3。

表 7-3　机构的分类

序号	执行构件功能	机构形式
1	匀速转动机构（包括定传动比机构、变传动比机构）	摩擦轮机构、齿轮机构、平行四边形机构、转动导杆机构、各种有级或无级变速机构
2	非匀速转动机构	非圆齿轮机构、双曲柄四杆机构、转动导杆机构、组合机构、挠性机构
3	往复运动机构（包括往复移动和往复摆动）	曲柄-摇杆往复运动机构、双摇杆往复运动机构、滑块往复运动机构、凸轮式往复运动机构、齿轮式往复运动机构、组合机构
4	间歇运动机构（包括间歇转动、间歇摆动、间歇移动）	间歇转动机构（棘轮、槽轮、凸轮、不完全齿轮机构） 间歇摆动机构（一般利用连杆曲线上近似圆弧或直线段实现） 间歇移动机构（由连杆、凸轮、组合等机构实现单侧停歇、双侧停歇、步进移动）
5	差动机构	差动螺旋机构、差动棘轮机构、差动齿轮机构、差动连杆机构、差动滑轮机构
6	实现预期轨迹机构	直线机构（连杆机构、行星齿轮机构等）、特殊曲线绘制机构（椭圆、抛物线、双曲线等）、工艺轨迹机构（连杆机构、凸轮机构、凸轮连杆机构等）
7	增力及夹持机构	斜面杠杆机构、铰链杠杆机构等
8	行程可调机构	棘轮调节机构、偏心调节机构、螺旋调节机构、摇杆调节机构、可调式导杆机构

（3）机构运动简图的尺度综合　按各功能元的运动规律、动作过程、运动性能等要求进行机构运动简图的尺度综合。

3. 机构创新设计方法

选择执行机构并不仅仅是简单的挑选，而是包含着创新。要得到好的运动方案，必须构思出新颖、灵巧的机构系统。这一系统的各执行机构不一定是现有的机构，因此应根据创造性基本原理和法则，积极进行创造性思维，灵活运用创造技术进行机构构型的创新设计。常用的创新设计方法如下。

（1）机构构型变异的创新设计　为了满足一定的工艺动作要求，或为了使机构具有某些性能与特点，改变已知机构的结构，在原有机构的基础上，演变发展出新的机构，称此种新机构为变异机构。常用的变异方法有以下几类：

1）机构的倒置。机构内运动构件与机架的转换，称为机构的倒置。按照运动的相对性原理，机构倒置后各构件间的相对运动关系不变，但可以得到不同的机构。

2）机构的扩展。以原有机构为基础，增加新的构件，构成一个扩大的新机构，称为机构的扩展。机构扩展，原有机构各构件间的相对运动关系不变，但所构成的新机构的某些性能与原机构差别很大。

3）机构局部结构的改变。改变机构的局部结构，可以获得有特殊运动性能的机构。

4）机构结构的移植与模仿。将某一机构中的某些结构应用于另一种机构中的设计方法，称为结构的移植。利用某一结构特点设计新的机构，称为结构的模仿。

5）运动副演化与变异。改变机构中的某个或多个运动副的形式，可设计创新出不同运动性能的机构。

（2）利用机构运动特点进行创新设计　利用现有机构的工作原理，充分考虑机构的运动特点、各构件间相对运动关系及特殊的构件形状等，创新设计出新机构。

1）利用连架杆或连杆运动特点设计新机构。

2）利用两构件相对运动关系设计新机构。

3）利用成形固定构件实现复杂动作过程。

（3）利用杆组组成原理创新设计　根据机构组成原理，将零自由度的杆组依次连接到原动件和机架上去，或者在原有机构的基础上搭接不同级别的杆组，均可设计出新机构。

1）将杆组依次连接到原动件和机架上设计新机构。

2）将杆组连接到机构上设计新机构。

3）根据机构组成原理优选出合适的机构构型。

4）基于组合原理的机构创新设计。

把一些基本机构按照某种方式结合起来，创新设计出一种与原机构特点不同的新的复合机构。

四、实验方法与步骤

1）掌握实验原理。

2）根据上述对“实验设备及工具”的内容介绍，熟悉实验的硬件组成及零件功能。

3）自拟机构运动方案或选择指导书中提供的机构运动方案作为拼接实验内容。

4）将所选定的机构运动方案，根据机构组成原理按杆组进行正确拆分。

5）正确拼装杆组。

6）将杆组按运动的传递顺序依次接到原动件和机架上。

五、杆组的拆分及拼装

1. 机构的组成原理

机构具有确定运动的条件是其原动件数等于机构的自由度数。如果将机构的机架和原动件从机构中拆分开，则剩余的构件组成自由度为零的构件组。这个自由度为零的构件组有时候还可以拆分成更简单的自由度为零的构件组。把最后不能再拆的最简单的自由度为零的构件组称为基本杆组或阿苏尔杆组，简称杆组。因此，任何机构都可以看作是由若干个基本杆组依次连接到原动件和机架上而构成的，这就是机构的组成原理，也是本实验的基本原理。

2. 杆组的拆分

正确拆分杆组的步骤如下。

1）计算机构的自由度，确定原动件。注意去掉机构中的局部自由度和虚约束，有时还要将高副加以低代。

2）从远离原动件的地方开始拆分杆组。先试拆分Ⅱ级杆组，若拆不出Ⅱ级杆组时，再试拆Ⅲ级杆组，即由最低级别杆组向高级别杆组依次拆分，最后剩下原动件和机架。

3）确定机构的级别。正确拆分杆组的判定标准是拆去一个杆组或一系列杆组后，剩余的必须仍为一个完整的机构或若干个与机架相连的原动件，不允许有不成组的零散构件或运动副存在，否则该杆组拆得不对。每拆出一个杆组后，再按照上述步骤对剩余机构拆分，直到全部杆组拆完，只剩下与机架相连的原动件为止。

如图 7-1 所示机构，先计算机构的自由度 $F=1$，并确定凸轮为原动件，可先除去 K 处的局部自由度；然后按照步骤 2），先拆分出由构件 4 和 5 组成的Ⅱ级组，再拆分出由构件 6 和 7 及构件 3 和 2 组成的两个Ⅱ级组及由构件 8 组成的单构件高副杆组，最后剩下原动件 1 和机架 9。

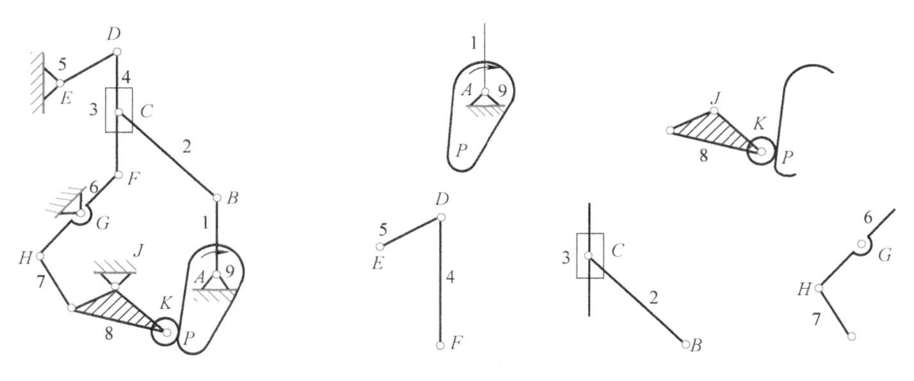

图 7-1 杆组拆分

3. 杆组的拼装

根据拟定的机构运动学尺寸，利用机械运动创新方案拼接实验台提供的零件，按机构运动的传递顺序进行拼接。拼接时，首先要分清机构中各构件所占据的运动平面，使各构件的运动在相互平行的平面内进行，其目的是避免各运动构件发生干涉。然后以机架铅垂面为参考面，所拼接的构件从原动件开始，依运动传递顺序将各杆组由里向外进行拼接。拼接时应注意各构件的运动平面是相互平行的，运动层面数越少，运动越平稳。机械运动创新方案拼接实验台提供的运动副的拼接过程可参照图 7-2 ~ 图 7-13 所示方法，图示中的编号与表 7-4 机械运动创新方案实验台组件清单中相同。

（1）实验台机架　如图 7-2 所示，实验台机架中有数根铅垂立柱，它们可沿 X 方向移动。移动时请用手轻轻推动，并尽可能使立柱在移动过程中保持铅垂状态。立柱移动到预定的位置后，用螺栓将立柱上、下两端锁紧（安全注意事项：不允许将立柱上、下两端的螺栓卸下，在移动立柱前只需将螺栓旋松即可）。立柱上的滑块可沿 Y 方向移动。将滑块移动到预定的位置后，用螺栓将滑块锁紧在立柱上。按上述方法即可在 X、Y 平面内确定活动构件相对机架的位置，面对操作者的机架铅垂面称为拼接起始参考面。

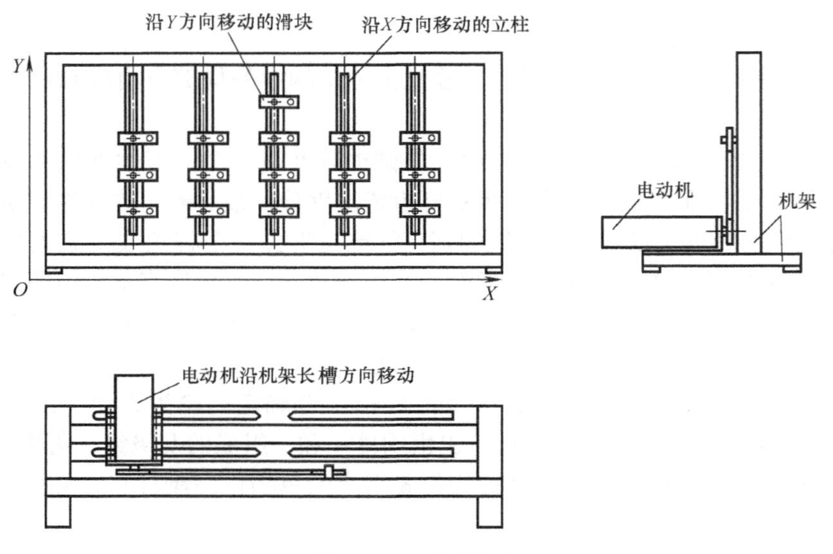

图 7-2　实验台机架

（2）转轴相对机架的连接　若按图 7-3 所示拼接好后，主动轴（6#）或扁头轴（8#）［以下简称为转轴（6#）或转轴（8#）］相对机架固定。如果不使用平垫片/防脱螺母（34#），则转轴（6#）或转轴（8#）相对机架做旋转运动。拼接者可根据需要确定是否使用平垫片/防脱螺母（34#）；

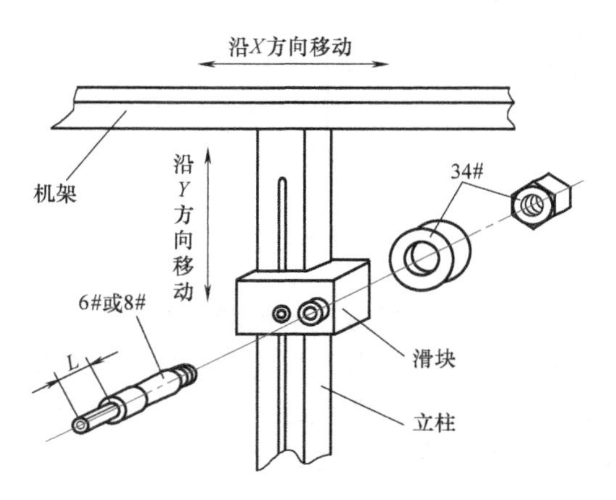

图 7-3　转轴相对机架的连接

转轴（6#）为主动轴，转轴（8#）为从动轴。该轴主要用于与其他构件形成移动副或转动副，也可将盘类构件锁定在扁头轴（8#）轴颈上。

（3）转动副的连接　若两连杆形成转动副，可按图 7-4 所示拼接。转动副轴—1（14#）

的轴颈可分别插入两个连杆（11#）的圆孔内，用压紧螺栓（16#）、带垫片螺栓（15#）与转动副轴—1（14#）端面上的螺孔联接。这样，连杆被压紧螺栓（16#）固定在转动副轴—1（14#）的轴颈上，而与带垫片螺栓（15#）相连接的转动副轴—1（14#）相对另一连杆转动；

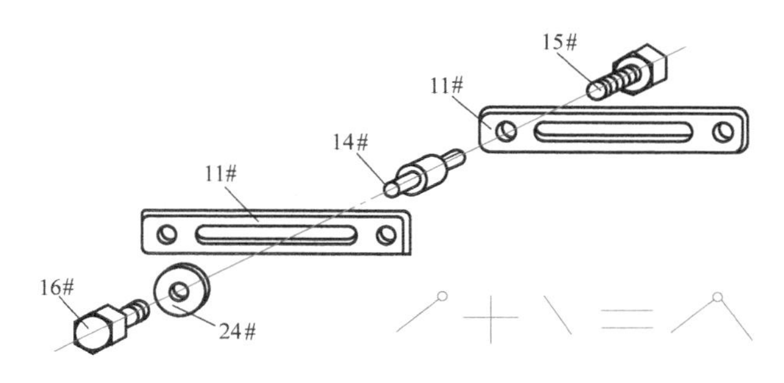

图 7-4　转动副的连接

（4）移动副的连接　如图 7-5 所示，转动副轴—4（12#）的圆轴颈端插入连杆（11#）的长槽中，通过带垫片螺栓（15#）的联接，转动副轴—4（12#）可与连杆（11#）形成移动副。

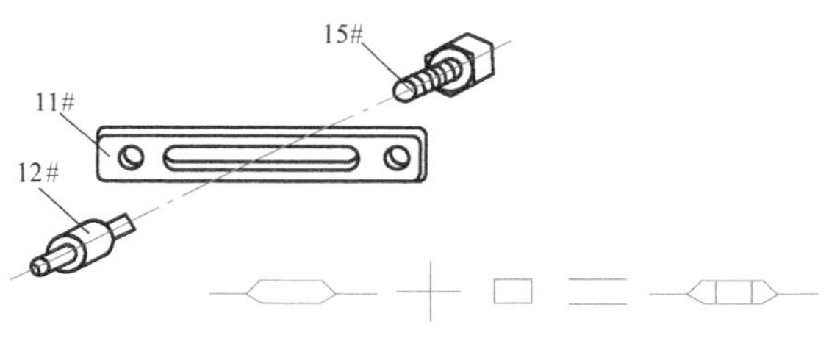

图 7-5　移动副的连接

（5）齿轮与主（从）动轴的连接　如图 7-6 所示，齿轮（2#）装入转轴（6#或 8#）时，应紧靠转轴或运动构件层面限位套（17#）的根部，以防止造成构件运动层面距离的累计误差。按图 7-6 所示连接好后，用内六角紧定螺钉（27#）将齿轮固定在轴上（注意：螺钉应压紧在轴的平面上），齿轮与转轴形成一个构件。

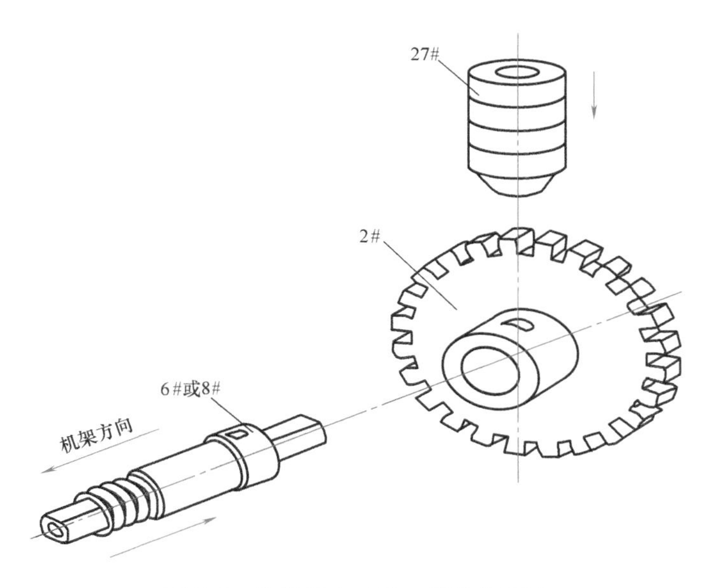

图 7-6　齿轮与主（从）动轴的连接

（6）凸轮与主（从）动轴的连接　按图7-7所示拼接好后，凸轮（1#）与转轴（6#或8#）形成一个构件。如果不选用内六角紧定螺钉（27#）将凸轮固定在轴上，而选用带垫片螺栓（15#）旋入轴端面的螺孔内，则凸轮将相对转轴转动。

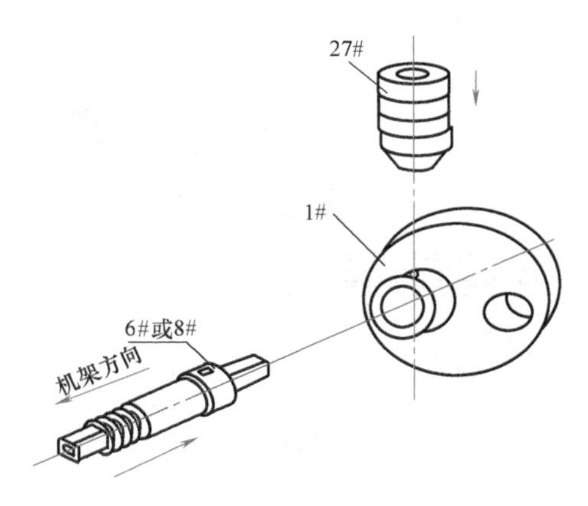

图7-7　凸轮与主（从）动轴的连接

（7）凸轮副的连接　如图7-8所示，首先将转轴（6#或8#）与机架相连，然后分别将凸轮（1#）、从动件连杆（11#）拼接到相应的轴上。用内六角紧定螺钉（27#）将凸轮固定在转轴（6#）上，凸轮（1#）与转轴（6#）同步转动。将带垫片螺栓（15#）旋入转轴（8#）端面的内螺孔中，连杆（11#）相对转轴（8#）做往复移动。高副锁紧弹簧的安装方式可根据拼接情况而定。

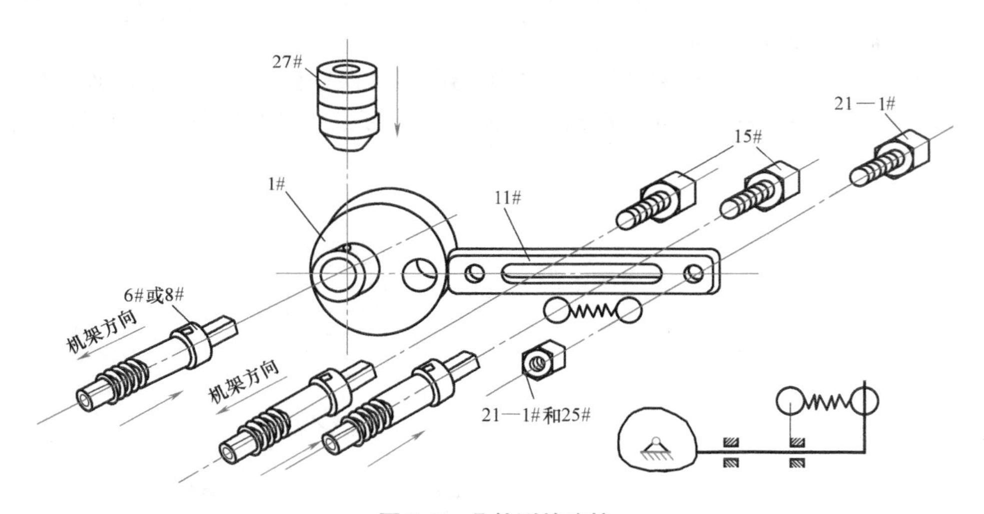

图7-8　凸轮副的连接

（8）滑块导向杆相对机架的连接　如图7-9所示，将转轴（6#或8#）插入滑块（28#）的轴孔中，用平垫片/防脱螺母（34#）将转轴（6#或8#）固定在实验台机架（29#）上，使轴颈平面平行于直线电动机齿条的运动平面。将滑块导向杆（11#）通过压紧螺栓（16#）固定在转轴（6#或8#）的轴颈上。这样，滑块导向杆（11#）与实验台机架（29#）成为一个构件。

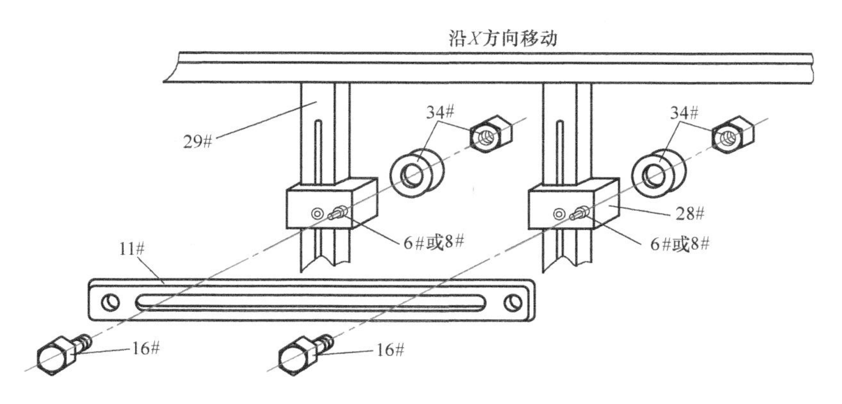

图 7-9　滑块导向杆相对机架的连接

（9）槽轮副的连接　如图 7-10 所示，通过调整两转轴（6#或 8#）的间距，使槽轮的运动传递更灵活。为使盘类零件相对轴更牢靠地固定，除使用内六角圆柱头紧定螺钉（27#）紧固外，还可以加用压紧螺栓（16#）。

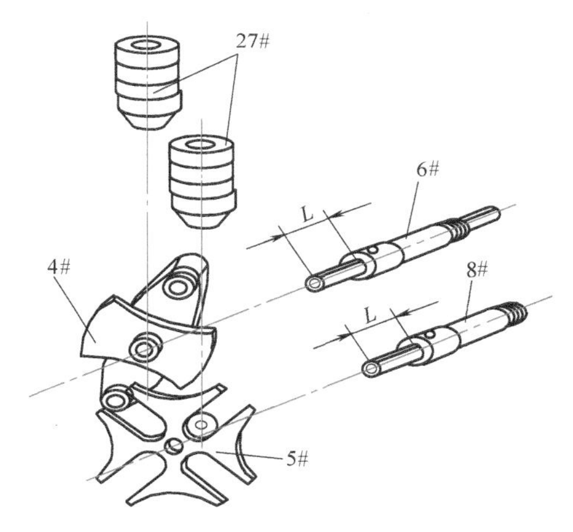

图 7-10　槽轮副的连接

（10）主动滑块与直线电动机齿条的连接　输入主运动为直线运动的构件称为主动滑块。主动滑块相对直线电动机齿条的连接如图 7-11 所示。首先将主动滑块座（10#）套在直线电动机的齿条上，再将主动滑块插件（9#）上铣有一个平面的轴颈插入主动滑块座（10#）的内孔中，铣有两个平面的轴颈插入起支撑作用的连杆（11#）的长槽中（这样可使主动滑块不做悬臂运动），然后将主动滑块座调至水平状态，直至主动滑块插件（9#）相对连杆（11#）的长槽能做灵活的往复直线运动为止，此时用内六角圆柱头螺钉（26#）将主动滑块座（10#）固定，连杆（11#）要固定在实验台机架（29#）上，如图 7-9 所示。

（11）曲柄双连杆部件与连杆的连接　如图 7-12 所示，曲柄双连杆部件（22#）由一个偏心轮和一个活动圆环组合而成。如果使连杆（11—1#）与偏心轮形成同一构件，可将该连杆与偏心轮固定在同一根轴上。

（12）齿条导向板与齿条的连接　如图 7-13 所示，当齿轮相对齿条啮合时，如果不使用

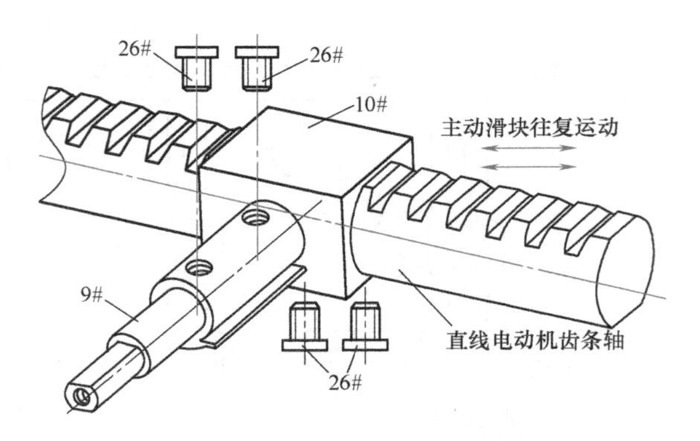

图7-11　主动滑块与直线电动机齿条的连接

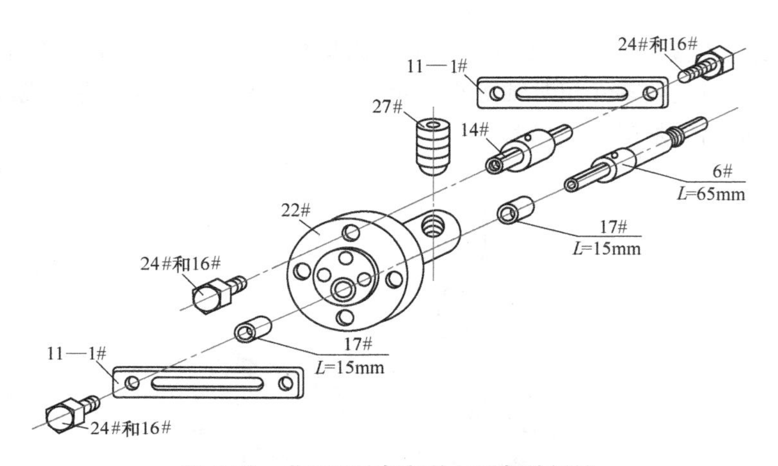

图7-12　曲柄双连杆部件与连杆的连接

齿条导向板，齿轮在运动时就可能会出现脱离齿条的情况。为避免上述情况出现，在设计齿轮与齿条啮合运动方案时，需选用两根齿条导向板（23#）和连杆加长螺栓/螺母（21#）按图7-13所示方法进行联接。

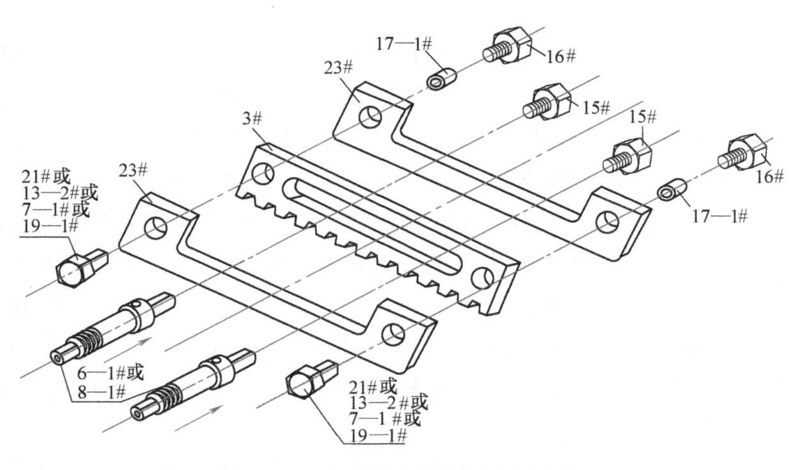

图7-13　齿条导向板与齿条的连接

六、实验内容

下列各种机构均选自工程实践，可根据机构运动简图，任选一个机构运动方案进行拼接设计实验。

1. 自动车床送料机构

结构说明：自动车床送料机构是由凸轮与连杆组合而成的组合式机构。

工作特点：一般凸轮为主动件，能够完成较复杂的运动。

应用举例：自动车床送料及进给机构。如图 7-14 所示的自动车床送料机构，由平底直动从动件盘状凸轮机构与连杆机构组成。当凸轮转动时，推杆 5 往复移动，通过杆 4 与摆杆 3 及滑块 2 带动推料杆 1 做周期性往复运动。

2. 齿轮连杆机构

应用举例：图 7-15 所示为用于打包机的双向加压机构。摆杆 6 为主动件，通过滑块 5 带动齿条 4 往复移动，使齿轮 1 回转，与齿轮 1 啮合的齿条 2、3 的移动方向相反，以完成紧包的动作。

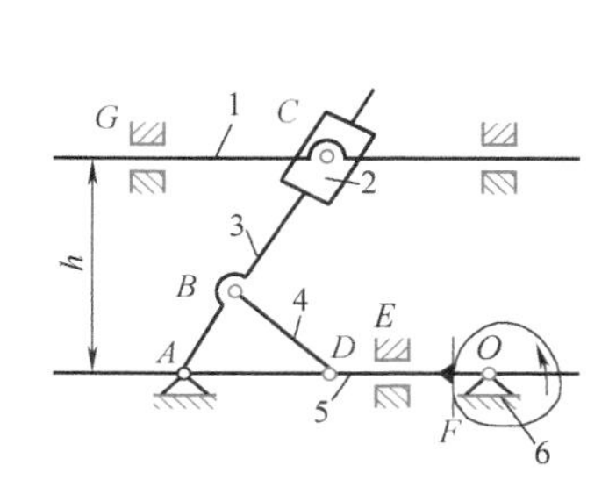

图 7-14　自动车床送料机构

1—推料杆　2—滑块　3—摆杆　4—杆　5—推杆　6—机架

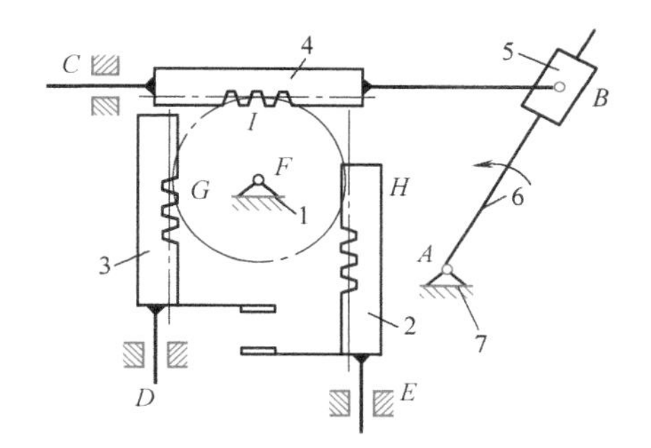

图 7-15　双向加压机构

1—齿轮　2、3、4—齿条　5—滑块　6—摆杆　7—机架

3. 两侧停歇的移动机构

结构说明：图 7-16 所示的机构由六杆机构 *ABCDEFG* 和曲柄滑块 *GHI* 串联而成，六杆机构的从动杆 *FG* 与 *GH* 固接，并成为 *GHI* 机构的主动件。利用连杆 *BC* 上 *E* 点的轨迹（近似圆），其上弧段 *mn* 和 *m′n′* 弧段均与半径 *r*（*EF* 的长度）的圆弧很接近，圆弧中心分别为 *F* 和 *F′*。今在 *FF′* 的垂直平分线上取一点 *G* 作为机架，以 *FG* 为摇杆 4，以 $EF=r$ 为连杆 3，则当 *E* 点运动到弧段 *mn* 和弧段 *m′n′* 上时，摇杆 4 在 *FG* 和 *F′G* 两极限位置近似停歇。

工作特点：主动曲柄 1 做匀速转动，连杆上的 *E* 点做平面运动，当运动到 *mn* 或 *m′n′* 弧段时，铰链 *F* 或 *F′* 处于曲率中心，保持静止状态，摆杆 6 近似停歇，

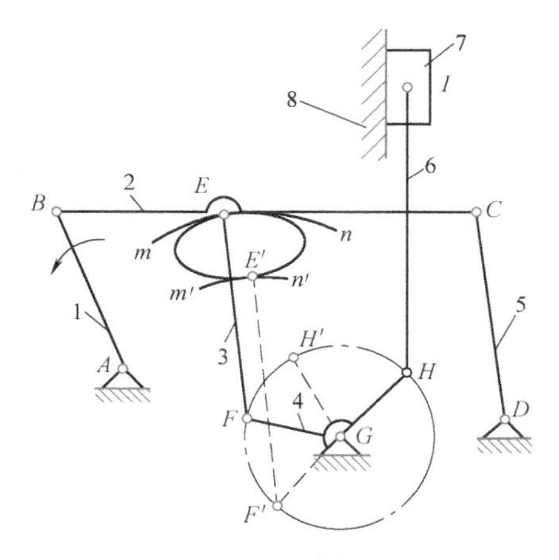

图 7-16　两侧停歇的移动机构

1～6—连杆　7—滑块　8—机架

从而实现滑块7在往复上下运动极限位置时的近似停歇。

应用举例：该机构可用于纺织机械的喷气织机开口机构中，作为梭框，滑块7在上、下极限位置时需停歇一段时间以便引入纬纱。

4. 曲柄滑块机构与齿轮齿条机构的组合

结构说明：图7-17所示机构由偏置曲柄滑块机构与齿轮齿条机构串联组合而成。其中下齿条为固定齿条，上齿条做往复移动。

工作特点：此组合机构最重要的特点是上齿条4的行程比齿轮3的铰接中心点C的行程大1倍。此外，由于齿轮中心C的轨迹对于点A偏置，所以上齿条4和往复运动有急回特性。当主动件曲柄1转动时，通过连杆2推动齿轮3与上、下齿条啮合传动。下齿条5固定，上齿条4做往复移动，齿条移动行程$H=4R$（R为齿轮3的半径），故采用此种机构可实现行程放大。

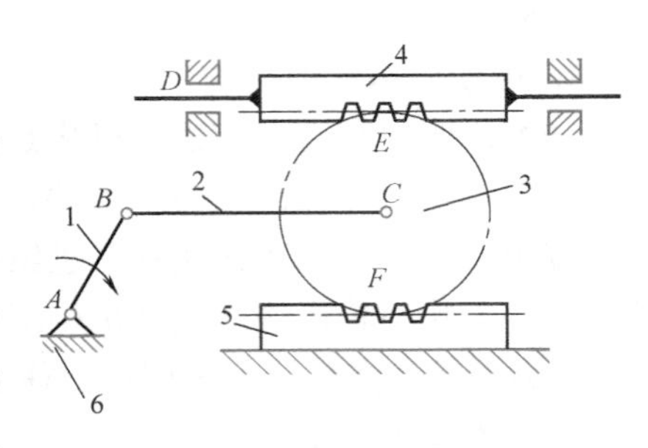

图7-17　曲柄滑块机构与齿轮齿条机构的组合

1—曲柄　2—连杆　3—齿轮　4—上齿条　5—下齿条　6—机架

5. 导杆齿轮齿条机构

结构说明：图7-18所示机构由摆动导杆机构与双联齿轮齿条机构组成。导块4与连杆5铰接，在连杆的A、B两点分别铰接相同的齿轮6和8，它们分别与固定齿条9和移动齿条7啮合。

工作特点：通过摆动导杆机构使导杆2绕F轴摆动，带动导块4、连杆5及齿轮6、8运动，驱动齿条7做往复移动。齿条的行程为连杆5行程的2倍。

6. 多杆放大行程机构

结构说明：图7-19所示机构由曲柄摇杆机构1-2-3-6与导杆滑块机构3-4-5-6组成。曲柄1为主动件，从动件5做往复移动。

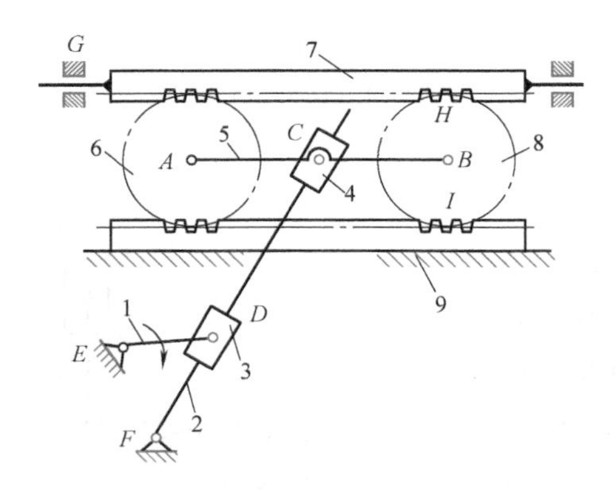

图7-18　导杆齿轮齿条机构

1—曲柄　2—导杆　3—滑块　4—导块　5—连杆　6、8—齿轮　7—移动齿条　9—机架

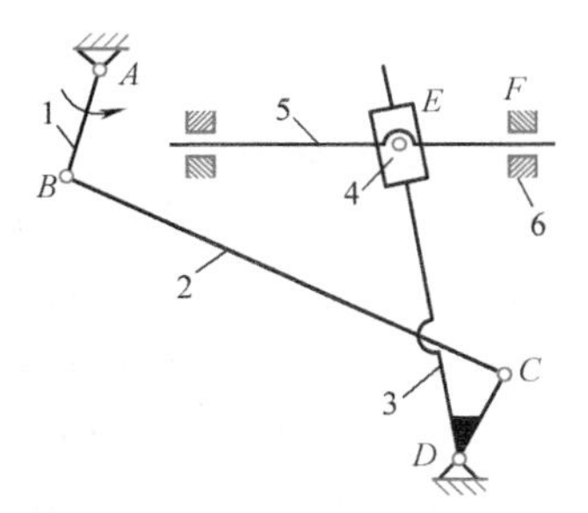

图7-19　多杆放大行程机构

1—曲柄　2—摇杆　3—导杆　4—滑块　5—连杆　6—机架

工作特点：主动件1的回转运动转换为从动件5的往复移动。如果采用曲柄滑块机构来实现，则滑块的行程受到曲柄长度的限制。该机构在同样曲柄长度条件下，能实现滑块行程的放大。

应用举例：该机构可用于梳毛机堆毛板传动机构。

7. 多杆放大角度机构

结构说明：图 7-20 所示为六杆机构，由曲柄摇杆机构 1-2-3-6 与摆动导杆机构3-4-5-6 组成六杆机构。曲柄 1 为主动件，摆杆 5 为从动件。

工作特点：当曲柄 1 连续转动时，通过连杆 2 使摆杆 3 做一定角度的摆动，再通过导杆机构使从动摆杆 5 的摆角增大。该机构摆杆 5 的摆角可增大到 220°左右。

应用举例：该机构可用于缝纫机摆梭机构。

8. 双摆杆摆角放大机构

结构说明：图 7-21 所示为双摆杆摆角放大机构，主动摆杆 1 与从动摆杆 3 的中心距 a 应小于主动摆杆 1 的半径 r。

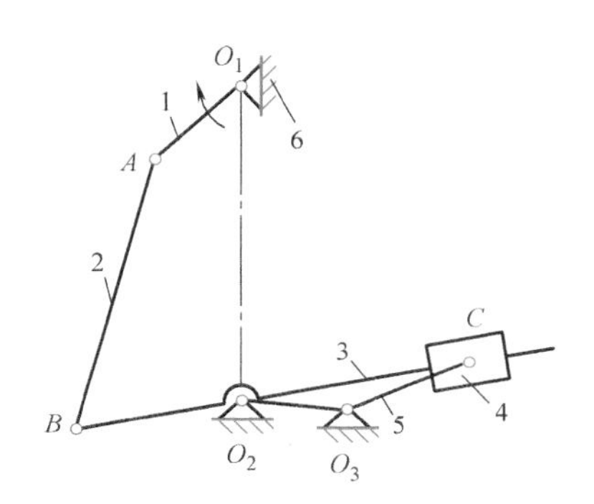

图 7-20　六杆机构

1—曲柄　2—连杆　3、5—摆杆　4—滑块　6—机架

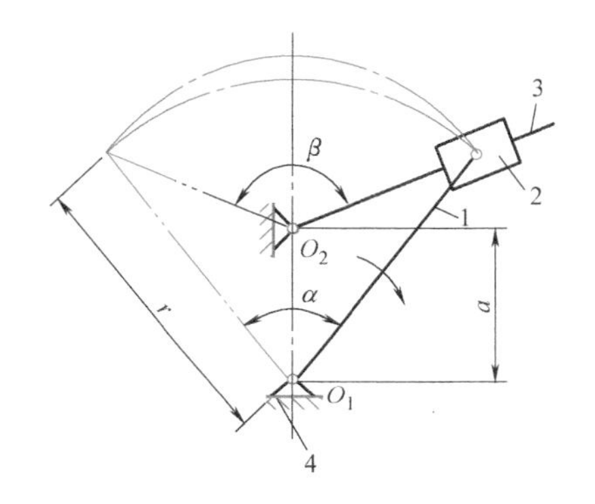

图 7-21　双摆杆摆角放大机构

1—主动摆杆　2—滑块　3—从动摆杆　4—机架

工作特点：当主动摆杆 1 摆动 α 角时，从动摆杆 3 的摆角 $\beta > \alpha$，实现摆角增大。

9. 铸锭送料机构

结构说明：如图 7-22 所示，滑块 1 为主动件，通过连杆 2 驱动双摇杆 $ABCD$，将从加热炉出料的铸锭（工件）送到下一道工序。

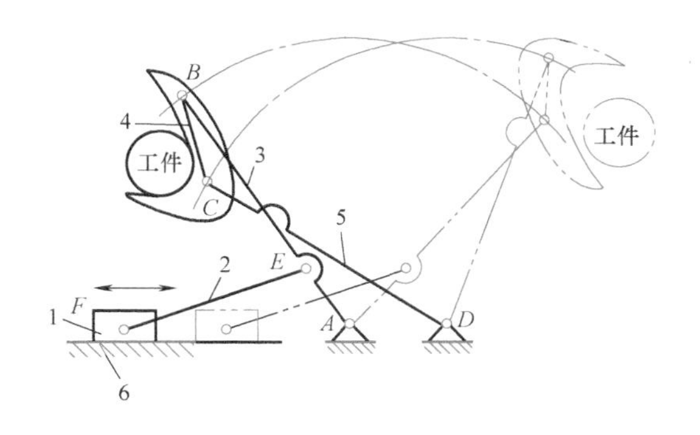

图 7-22　铸锭送料机构

1—滑块　2、4—连杆　3、5—摇杆　6—机架

工作特点：图 7-22 中实线位置为出炉的铸锭进入装料器 4 中（装料器 4 即为双摇杆机构 $ABCD$ 中的连杆 BC），当机构运动到双点画线位置时，装料器 4 翻转 180°，把铸锭卸到下

一道工序的位置。

应用举例：该机构可用作加热炉的出料设备、加工机械的上料设备等。

10. 插床的插削机构

结构说明：图7-23所示为插床的插削机构。在*ABC*摆动导杆机构的摆杆*BC*反向延长线的*D*点加二级杆组连杆4和滑块5，组成六杆机构。在滑块5上固接插刀，则该机构可作为插床的插削机构。

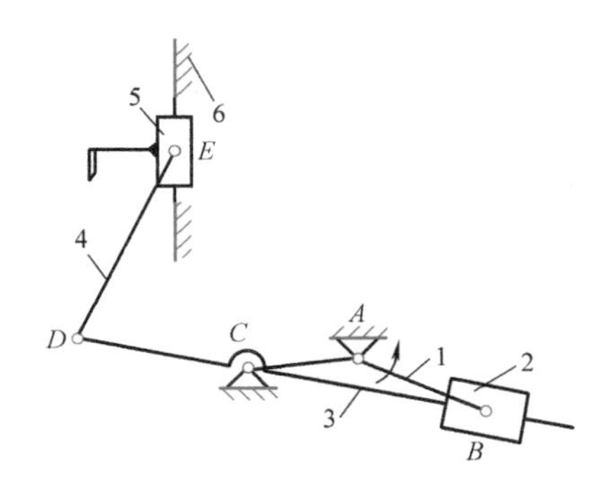

图7-23　插床的插削机构

1—曲柄　2、5—滑块　3—摆杆　4—连杆　6—机架

工作特点：主动曲柄*AB*匀速转动，滑块5在垂直*AC*的导路上往复移动，具有较大急回特性。改变*ED*连杆的长度，滑块5可获得不同的规律。

11. 铰链四杆机构

结构说明：图7-24所示双摇杆机构*ABCD*的各杆长度满足以下条件：机架$AB=0.64BC$，摇杆$AD=1.18BC$，连杆$DC=0.27BC$，*E*点为连杆*CD*延长线上的点，且$DE=0.83BC$。*BC*为主动摇杆。

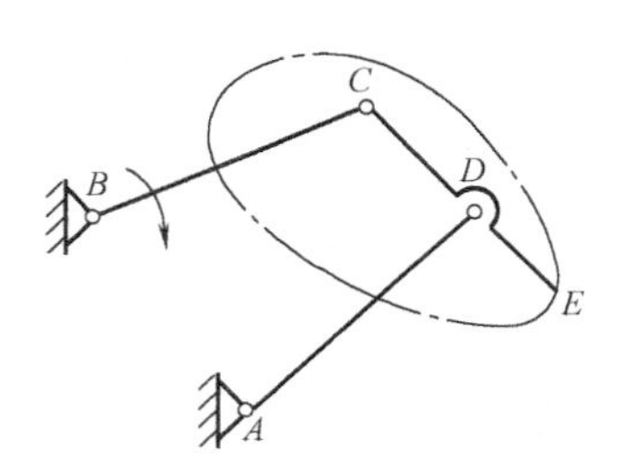

图7-24　铰链四杆机构

工作特点：当主动摇杆*BC*绕*B*点摆动时，*E*点轨迹为图中细点画线所示，其中*E*点轨迹有一段为近似直线。

应用举例：该机构可用于固定式港口起重机，*E*点处安装吊钩。利用*E*点轨迹的近似直线段吊装货物，能满足吊装设备的平稳性要求。

七、机械运动创新方案实验台组件清单

机械运动创新方案实验台组件清单见表7-4。

表 7-4　机械运动创新方案实验台组件清单

序号	名称	图示	零件标号	规格	数量	备注
1	凸轮/高副锁紧弹簧		1#	推程 30mm 回程 30mm	各 4	凸轮推、回程均为正弦加速度运动规律
2	齿轮		2—1#	$z=34$	4	标准直齿轮，$m=2$，$\alpha=20°$
			2—2#	$z=42$	4	
3	齿条		3#	$L=422$mm	4	标准直齿条，$m=2$，$\alpha=20°$
4	槽轮拨盘		4#		1	两个主动销
5	槽轮		5#		1	四槽
6	主动轴		6—1#	$L=5$mm	4	支承主动构件，传递动力
			6—2#	$L=20$mm	4	
			6—3#	$L=35$mm	4	
			6—4#	$L=50$mm	4	
			6—5#	$L=65$mm	2	
7	转动副轴（或滑块）—3		7—1#	$L=5$mm	6	用于形成转动副或移动副
			7—2#	$L=15$mm	3	
			7—3#	$L=30$mm	3	
8	扁头轴		8—1#	$L=5$mm	16	支承和固定从动构件
			8—2#	$L=20$mm	12	
			8—3#	$L=35$mm	12	
			8—4#	$L=50$mm	10	
			8—5#	$L=65$mm	8	
9	主动滑块插件		9—1#	$L=40$mm	1	与 10#配用，可组成做直线运动的主动滑块
			9—2#	$L=55$mm	1	
10	主动滑块座		10#		1	与直线电动机齿条固连

（续）

序号	名称	图示	零件标号	规格	数量	备注
11	连杆（或滑块导向杆）	L	11—1#	$L=50$mm	8	其长槽与滑块形成移动副，其圆孔与轴形成转动副
			11—2#	$L=100$mm	8	
			11—3#	$L=150$mm	8	
			11—4#	$L=200$mm	8	
			11—5#	$L=250$mm	8	
			11—6#	$L=300$mm	8	
			11—7#	$L=350$mm	8	
12	转动副轴（或滑块）—4	L 5	12#		16	当两构件形成转动副或两构件形成移动副时作滑块用
13	转动副轴（或滑块）—2	L 5	13—1#	$L=5$mm	8	与20#配用，可与连杆在固定位置形成转动副
			13—2#	$L=20$mm	8	
14	转动副轴（或滑块）—1	10	14#		16	当两构件形成转动副或两构件形成移动副时作滑块用
15	带垫片螺栓		15#	M6	48	用于防止连杆与转动副轴的轴向窜动，二者能相对转动
16	压紧螺栓		16#	M6	48	与转动副轴或固定轴配用
17	运动构件层面限位套	L	17—1#	$L=5$mm	35	用于不同构件运动平面之间距离的限定
			17—2#	$L=15$mm	40	
			17—3#	$L=30$mm	20	
			17—4#	$L=45$mm	20	
			17—5#	$L=60$mm	10	
18	主动轴带轮		18#		3	固定在主动轴上，使主动件转动
19	盘杆转动轴	L	19—1#	$L=20$mm	6	盘类零件与连杆形成转动副时使用
			19—2#	$L=35$mm	6	
			19—3#	$L=45$mm	4	
20	固定转轴块		20#		8	与转动副轴（13#）配用，可在连杆长槽中的某一位置固定并形成转动副

（续）

序号	名称	图示	零件标号	规格	数量	备注
21	连杆加长螺栓、螺母		21#	M10	各18	用于两连杆加长时的固定；用于固定弹簧；用于齿条导向板与齿条的固定
22	曲柄双连杆部件		22#	组合件	4	用于一个主动构件同时提供两个曲柄的运动方案
23	齿条导向板		23#		8	使齿轮与齿条处在同一平面内不脱开
24	压紧连杆垫片		24#	$\phi6.5$	16	固定连杆时用
25	安装电动机座行程开关用内六角圆柱头螺栓/平垫	标准件	25#	M8×25 $\phi8$	8	固定电动机座
26	内六角圆柱头螺钉	标准件	26#	M6×15	4	将主动滑块座固定在直线电动机齿条上
27	内六角圆柱头紧定螺钉		27#	M6×6	26	将盘类零件固定在轴上
28	滑块		28#		64	已与机架相连，支承轴并在机架平面内沿铅垂方向上下移动
29	实验台机架		29#		4	在机架平面内沿水平方向移动
30	立柱垫圈		30#	M9	40	与内六角圆柱头螺钉配合固定立柱
31	锁紧滑块方块		31#	M6	64	与内六角圆柱头螺钉配合锁紧滑块
32	T形螺母		32#	M8	20	卡在机架的长槽内，与内六角圆柱头螺钉配合固定电动机座

（续）

序号	名称	图示	零件标号	规格	数量	备注
33	行程开关支座		33#		2	与内六角圆柱头螺钉配合固定行程开关（41#）
34	平垫片/防脱螺母		34#	ϕ17（平垫片）M14（防脱螺母）	各76	使轴相对机架不转动时用，防止轴从滑块上脱出
35	旋转电动机座		35#		3	支承并固定旋转电动机
36	直线电动机座		36#		1	支承并固定直线电动机
37	平键		37#	3×15	20	用于主动轴与带轮的连接
38	直线电动机控制器		38#	220V、50Hz	1	与行程开关（41#）配用
39	带	标准件	39#	O型	3	传递动力
40	直线电动机/旋转电动机		40#	10mm/s 10r/min	1	提供运动动力，配电动机行程开关一对
41	行程开关		41#	*L*x12－2	2	与直线电动机控制器配用
42	内六角圆柱头螺钉平垫		42#	M8×25 M8	各20	与32#配用，固定电动机座、起电路保护作用
43	保险管		43#	2.5A	5个	与直线电动机控制器38#配用，起电路保护作用
44	工具	活动扳手 内六角扳手	41#	6寸、8寸 S2/S3/S4/S5/S6	各1 各2	装配时使用

八、机构组合与创新设计实验报告

机构组合与创新设计实验报告

班　级：＿＿＿＿＿＿＿＿　学　号：＿＿＿＿＿＿＿＿　姓　名：＿＿＿＿＿＿＿＿

同组者：＿＿＿＿＿＿＿＿　日　期：＿＿＿＿＿＿＿＿　成　绩：＿＿＿＿＿＿＿＿

◇ 绘制实际拼装的机构运动方案简图，并在简图中标识实测所得的机构运动学尺寸。

◇ 简要说明机构杆组的拆组过程，并画出所拆杆组简图。

◇ 根据你所拆分的杆组，按不同的顺序进行排列，可能组合的机构运动方案有哪些？要求用简图表示出来，根据运动传递情况进行方案比较，并简要说明理由。

设计题目	
1. 机构结构设计（要求按比例画出结构图，并标出尺寸）	
2. 机构运动简图	

（续）

设计题目	
3. 计算机构自由度	
4. 分析并拆分机构的基本杆组	
5. 心得与建议	

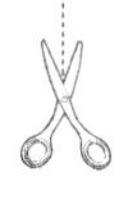

第八章

“慧鱼”创意组合实验

说 明

＊ 著名教育家蒙特梭利说：学生听了就忘，看了就记住，做了就明白。基于这种指导思想，根据德国“慧鱼”创意组合模型，编写了既适合课内实验也适合课外开放活动的“创意组合实验”指导书。本实验属于综合类创新设计实验，适合机械类、近机械类专业学生及学有余力的各专业学生开展课外科技创新活动使用。

＊ 建议少占用或不占用课内实验学时，安排在学生课外科技活动时间较好。

一、实验目的

1）认识德国“慧鱼”创意组合模型（以下简称“慧鱼”模型）的整体思路和概况，了解该模型的功能；初步学会各种构件的拼接安装方法。

2）对“机械原理”“机械设计基础”等课程中的机构用模型加以实现，以进一步了解各种机构的性能和特点，并尝试把各种机构加以组合。

3）通过创意组合模型的搭建，不断尝试并改进，培养学生的创造性思维能力。

4）通过构件的安装、拼接、组合、调整，不断完善学生的构思和创意，提高动手能力。

二、实验要求

1）动手搭建之前要看懂实验指导书，了解该模型的功能，并弄清楚构件及运动副的安装、连接方法。

2）对按图搭建的模型要清楚该模型的功能，实现这些功能都用了哪些机构，列出组合路线；对于创新机构，要进行总体方案的制定，了解实现方案的方法和步骤。在此过程中，要考虑结构是否合理，机构的各构件之间有无干涉现象等。

3）组装好的模型要能实现预期的功能目标，运动要连续，结构要合理，外形要美观。

4）按要求完成实验报告或研制报告，写出简要的设计说明书，画出机构运动简图，分析机构的应用情况及创新之处。

三、实验任务和实验安排

第一阶段是了解功能、学习使用及兴趣培养等基础训练阶段。该阶段可在“机械原理”“机械设计基础”“精密机械设计基础”等课程中安排2~4学时的实验，也可以全部安排在课外。主要是认识该实验装置的整体思路和概况，了解各种模型的功能；初步学会各种构件的连接、运动副的形成等拼装方法。在此基础上制作一些机构模型，用以认识机构的原理和性质，为进一步开展课外探索与研究积累经验和培养兴趣。根据指导教师的要求，学生可从“十一、典型模型搭建步骤”中任意选择2~6个模型进行制作，并按要求完成实验报告。

第二阶段是提高和创新阶段。该阶段主要在课外进行，安排10~16学时的实验，分成机器人技术、气动技术、传感器技术、汽车技术、控制与编程技术、机构创新等板块，供有兴趣的同学系统地学习和探索。各板块都有相应的模型可以训练，使学生能够基本掌握该板块模型的功能并灵活运用。可以把平时思维中有关机构的闪光点用模型呈现出来，以验证想法的可行性，发现问题，改正不足，进而完善机构、创新机构，并按要求写出研究报告。该阶段内容不作强制要求，有兴趣的同学可选做其中的部分板块或全部板块。

四、实验设备与工具

1）德国“慧鱼”创意组合模型。

2）学生自备纸、笔、绘图工具。

五、设备简介

“慧鱼”创意组合模型由各种构件（功能模块）组合拼装而成，“构件”是模型的最小组成单元。通过不同构件的任意组合，可以模仿或创新出不同的机构、机器人、工业流水线等模型。

（1）构件的分类　构件大体可分成机械构件、电气构件、气动构件等几大类。**机械构件主要包括：**齿轮（圆柱齿轮、锥齿轮、内啮合齿轮、外啮合齿轮）、齿轮轴、齿条、蜗轮、蜗杆、凸轮、链条、履带、弹簧、曲轴、万向联轴器、差速器、齿轮箱、连杆、铰链等。**电气构件主要包括：**直流电动机（9V双向）、红外线发射接收装置、传感器（光敏、热敏、磁敏、触敏）、发光器件、电磁阀、接口电路板、接口扩展电路板、直流变压器等。接口电路板含计算机接口板、PLC接口板等，其中PLC接口板可以实现电平转换。红外线发射接收装置由一个红外线发射器和一个微处理器控制的接收器组成，有效控制范围为10m，可分别控制3个电动机。**气动构件主要包括：**储气罐、气缸、活塞、弯头、电磁阀、气管等。

（2）构件材料　所有构件主料均采用优质的尼龙塑胶，辅料采用不锈钢芯、铝合金架等材料。

（3）构件连接方式　基本构件采用燕尾槽插接方式连接，可实现六面拼接多次拆装，可组成各种教学、工业模型。

（4）控制方式　可通过计算机接口板或PLC接口板对模型进行控制。

（5）软件　用计算机控制模型时，采用ROBO Pro软件编程。该软件是一种图形编程软件，简单易用，可实现对实验模型的实时控制。用 PLC 控制器控制模型时，采用梯形图编程。

（6） 主要用途

1） 培养学生的创新能力。

2） 教学演示及实验。

3） PLC、计算机编程培训和验证。

4） 工业模拟及培训。

（7） 主要板块功能简介 基于上述构件和控制方式，配上部分特色构件，就可以组成如下特色板块。

1） 工程技术板块。该板块包括机械、电子控制及结构组件。机械组件包括凸轮、曲柄、杠杆、齿轮齿条、蜗杆、滑轮等构件，可以实现旋转动作、动力传输、传动系统、运动变换等。电子组件包括电机、开关、控制器、导线、传感器等电子元件，可搭建简单回路——并联和串联；电路图和电路符号；用开关控制设备；“与”“或”门配置等。结构组件包括：底座、箱体、肋板、支架等构件，可以快速搭建简单结构，引导学生从设计体系中树立针对特定对象和特定工作情况进行服务的技术概念。通过对本板块的实验，学生可加深对结构、刚性、支承肋和加强肋、三脚架结构、平稳和重心等工程技术概念的认识。

2） 万用组合包板块。本实验中的基础训练主要依据该板块进行。本章“十一、典型模型搭建步骤”中的模型示例也多是以该板块构件搭建而成的。每套万用组合包中包含 119 种、450 多个构件。它们不仅可以搭配出生活中常见的机器，如电风扇、食品搅拌机、缝纫机、天平等，还可以搭建出一些工业生产、建设中使用的模型，如石油钻机、建筑起重机、钢锯、刨床等。每套万用组合模型中包含的零件形状、编号及数量见本章表 8-2。

3） 实验机器人板块。该板块能实现多种控制方式及多种模型设计，适用于机电一体化、工业自动控制、机械创新设计等课程，推荐采用 PLC 控制技术对实验机器人进行控制。

4） 气动机器人板块。该板块包括气动门、分拣机、加工中心等模型。通过计算机编程控制各类气动元件的组合动作，完成工件的传递、加工、转移、归类等系列动作。

5） 工业机器人板块。该板块包括翻转机、柱式机械手、全自动焊接机、三自由度机械手、四自由度机械手等模型。这些模型在工业生产中都可以找到原型，表现了工件被翻转、运送、焊接的各个过程。这些模型既可以单独使用，也可以联合起来组成一套闭环加工系统。

6） 移动机器人板块。该板块包含光牵引机器人、躲避障碍物机器人、躲避边缘机器人等模型。如光牵引机器人能寻找水平方向的光源并沿着光源方向前进，模型中两个电动机分别控制两个前轮，实现左转、右转、前进、后退等功能。

7） 自然能源板块。当前人类生存所需能源大多来源于石油、天然气、煤炭甚至核能。这些能源不是数量有限，就是存在着或多或少的缺陷。寻找取之不尽的可再生能源，是目前全球共同关注的重要话题。自然能源板块讲述了将水、风、太阳等能源转换为电能的过程。该板块包括锤磨机、风车、太阳能车、旋转秋千等模型。通过各种模型，不仅能使学生掌握能量、功、功率的概念及运算，还可以使他们了解各种能源是如何转换为电能，怎样存储起来并带动模型运转的。

8）仿生机器人板块。仿生技术是一门新兴技术，它模拟自然界万事万物的运转方式，提高各种机器的使用速度和效率。运用智能接口板、LLWIN软件，并结合“平面连杆机构”开发出各种活灵活现的机器人，能模仿甲壳虫、螃蟹等动物，用四条腿或多条腿行走。通过软件编程控制，它们不仅可以前后、左右移动，而且还能躲避障碍物。

9）传感技术板块。该板块包括自动烘手机、自动门、磁性物质分选机等模型。传感器在生活中已被广泛应用。该板块包含磁敏、光敏、热敏三种传感器。通过本板块，学生可以了解到机器是如何在传感器的帮助下自动完成工作的，也可以进一步发挥想象力及创造力，制作出自己设计的自动机器。

10）气动传动板块。该板块包括推土机、挖土机、吊车、铲车、装货车、抓取机等模型。模型自带压缩气源通过开关和电磁阀的组合，能够完成各个方向的运动。

11）太阳能技术板块。太阳每天能提供给人们无尽的能量。太阳能技术板块里的所有模型生动地展示了太阳能转换为电能而被运用到实际生活中的过程，包括太阳能风扇、太阳能转椅、太阳能油泵等。

12）汽车技术板块。该板块包括换挡机构、差动轮系、方向操纵机构、可在9V或24V直流电压下工作的直流电动机、轮胎等部件。通过对该板块的搭建与实践，学生可明白下列问题：汽车加速踏板与轮子之间是如何传动的？为什么爬山时挂低挡而下山时挂高挡？转向和驱动系统如何配合？汽车变速装置是怎样的？

六、“慧鱼”模型常用控制软、硬件介绍

1. 传感器

通过传感器，机器人可以进行感知，从而做出反应，这对机器人起着至关重要的作用，下面介绍几种“慧鱼”模型构件中常用的传感器。

（1）触动传感器　触动传感器是一种按钮式开关，简称按钮，如图8-1和8-2所示。其红色按键有按下和弹出两种工作位置，数字量输入，有3个接线孔，2种接入方式。“1”“3”号孔接入时为常开触点模式，即按键按下时电路导通，按键弹出时电路断开。“1”“2”号孔接入为常闭触点模式，即按键按下时电路断开，按键弹出时电路接通。

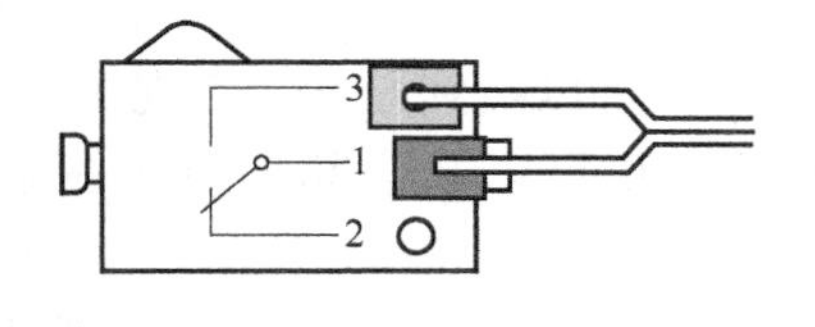

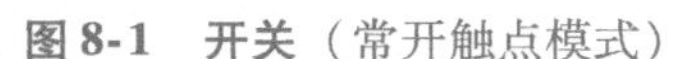
图8-1　开关（常开触点模式）

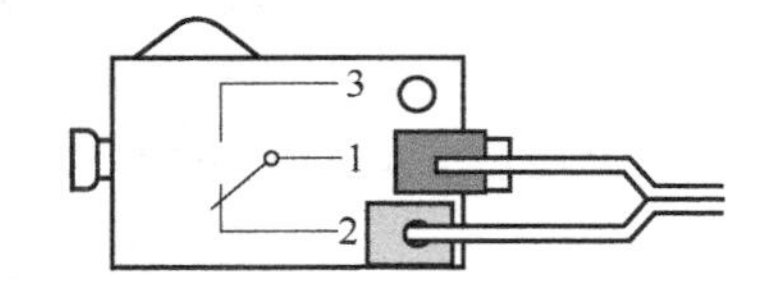

图8-2　开关（常闭触点模式）

（2）干簧管　干簧管是一种可以检测磁场的传感器，如图8-3所示。永磁铁可以吸合内部的常开触点接通电路，所以也被称为磁簧开关，数字量输入，常用于判断物体是否具有磁性。

（3）光电传感器　光电传感器示意图如图8-4所示，主要用于感知外界光线的强度，可数字量输入也可模拟量输入。数字量输入时用于判断光路是否被阻断，模拟量输入时通过不同的数值分辨光强。监测亮度时经常与发光管（一种带透镜的灯泡）配

合使用。

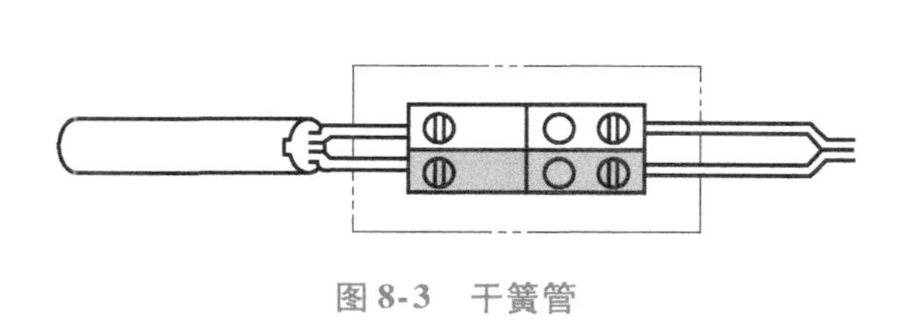

图 8-3 干簧管

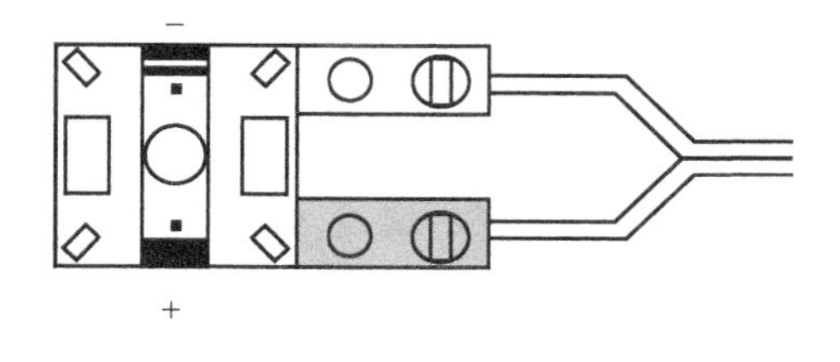

图 8-4 光电传感器

（4）温度传感器 温度传感器是一种负温度系数热敏电阻（NTC），如图 8-5 所示，用于感知外界温度的变化，模拟量输入，可通过不同的数值反映当前温度的高低。改变温度时经常与发光管配合使用。

（5）电位器 电位器如图 8-6 所示，可通过转动手柄改变其电阻值，用于感知旋转的角度，模拟量输入，可以通过不同的数值反映出不同的角度。

图 8-5 温度传感器

图 8-6 电位器

2. 用电器

有了感知，机器人要做出动作，离不开用电能进行工作的装置，它们消耗电能转换为其他形式的能量，如提供驱动力的主要元件电动机。下面介绍几种“慧鱼”模型常见的用电器。

（1）指示灯 指示灯是一种电灯泡，如图 8-7 和 8-8 所示，可将电能转换为光量和热能。指示灯接控制器的输出端口，分为普通型和聚光型两种，前者简称灯泡，常与不同颜色的灯罩组合，用控制灯的亮、灭来表达信息；后者简称发光管，主要配合传感器使用，用于辅助得到环境数据。

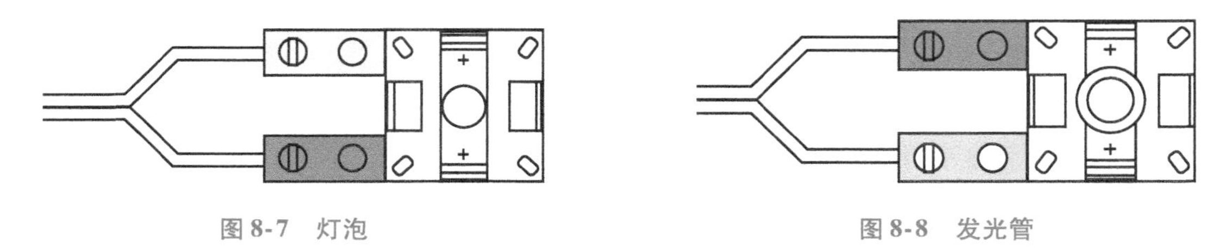

图 8-7 灯泡

图 8-8 发光管

（2）迷你电动机 迷你电动机是一种直流电动机，简称小马达，如图 8-9 所示。通电旋转，将电能转换为机械能，接控制器输出端口，可由程序控制转动、停止及转动的方向。迷你电动机最大转速为 9500r/min，最大电流为 0.65A，最大转矩为 0.4N · cm，需增大转矩后连接各种传动机构，以实现不同的运动。

（3）电磁铁 电磁铁如图 8-10 所示。通电产生磁力，接控制器输出端口，可通过控制通断电吸放硬币、小铁片、铁板等铁质物品。

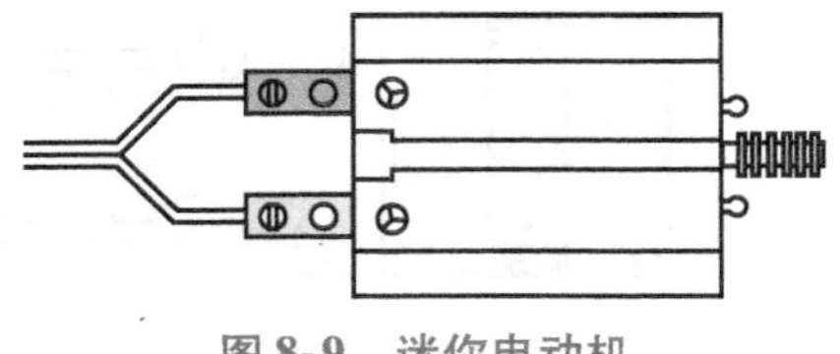

图 8-9　迷你电动机

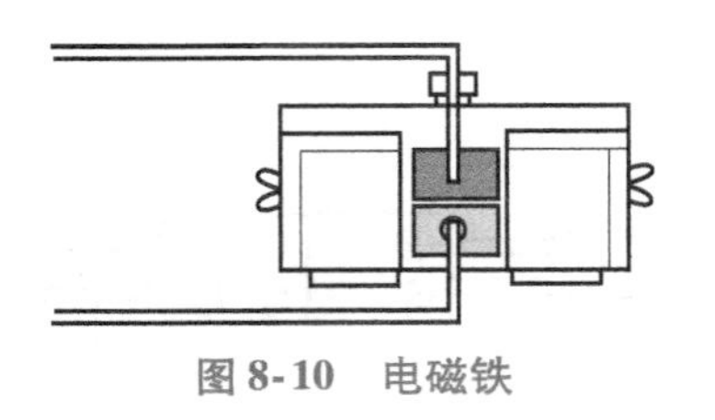

图 8-10　电磁铁

3. 常用气动元件

常用的气动元件包括储气罐、气缸、气管、电磁气阀等，如图 8-11 所示。

储气罐 2 用于存储压缩气体，气体需要通过气管 1 输送至气动机构的各部位。

“慧鱼”模型电磁气阀是一种电动元件，接控制器的输出端，用电控制气路的通断，它有 P、A、R 三个连接端和打开、关闭两个位置，即三位三通阀，其工作原理如图 8-12a、b 所示。电磁气阀通电后，电流通过绕组 1，产生磁场将阀芯 2 下拉，阀门开启，P-A 连通，“P”端气体可送出至“A”端；电磁气阀断电时，弹簧 3 将通道关闭，A-R 连通，“A”端传送过来的气体可通过“R”端泄出。

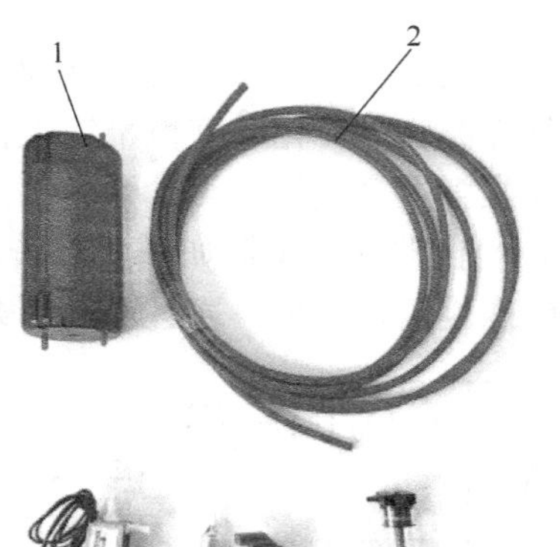

图 8-11　常用气动元件

1—气管　2—储气罐　3—电磁气阀

4—连接件　5—气缸

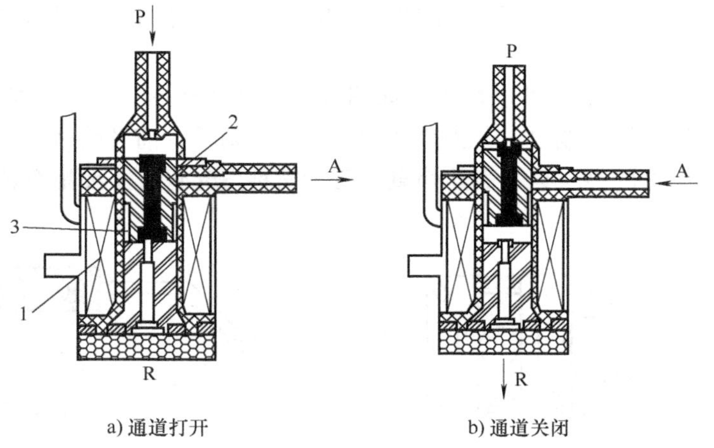

a) 通道打开　　b) 通道关闭

图 8-12　电磁气阀的工作原理图

1—绕组　2—阀芯　3—弹簧

电磁气阀可按照图 8-13 所示步骤与“慧鱼”模型基本构件固定，A 端通过联接件和气管连接气缸，用于机器人的气动控制。

“慧鱼”模型气缸有双向和单向两种，如图 8-14 和图 8-15 所示，前者通过压缩空气可以双向推动活塞，实现伸或者缩的动作，后者只能从一个方向供气驱动，返回运动由弹簧驱动。通过控制电磁气阀的通断电，可以为气缸一端充放气，所以驱动 1 个双向气缸需要 2 个电磁气阀。

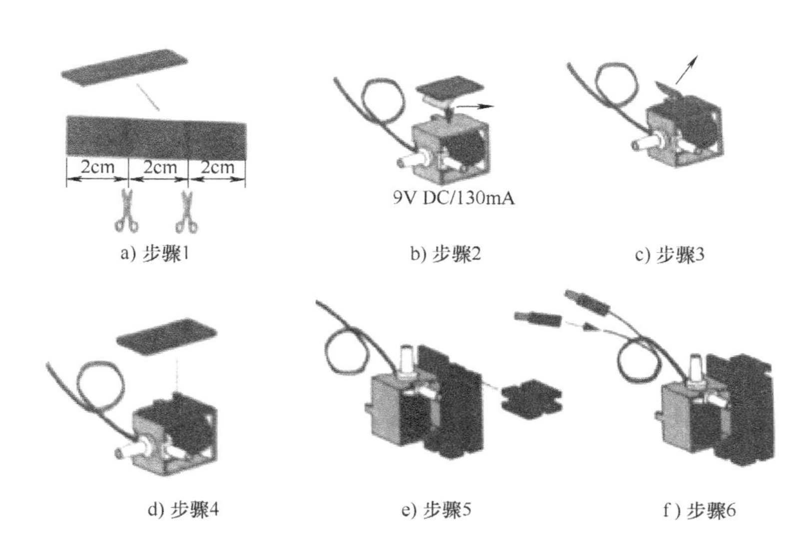

a) 步骤1　b) 步骤2　c) 步骤3

d) 步骤4　e) 步骤5　f) 步骤6

图 8-13　电磁阀的固定方式

图 8-14　双向气缸

图 8-15　单向气缸

4. 控制器

“慧鱼”模型机器人开发了三代控制器：即智能接口板、ROBO 接口板和 ROBO TX 控制器。接口板自带微处理器，通过串口与计算机相连，使计算机和机器人模型之间进行有效的通信。它可以传输来自软件的指令，如控制电动机，或者处理来自各种传感器的信号。

下面主要介绍目前使用较多的 ROBO TX 控制器。该控制器可以控制“慧鱼”模型规格为 9V、250mA 的各类用电器，如直流电动机、灯泡、电磁铁、电磁阀等；还可处理数字量为 9V、模拟量为 0 ~ 5kΩ 或 0 ~ 10V 的各类传感器信息，如开关、干簧管、光电传感器、温度传感器、超声波距离传感器、颜色传感器、红外传感器、电位器、磁性译码器等。

主要功能如下：

1）USB 接口和无线蓝牙装置能够实现“慧鱼”模型与计算机之间便捷快速的通信。

2）RAM 存储区和 FLASH 存储区可以同时存储大量程序。

3）该控制器可以对所有“慧鱼”模型 COMPUTING 系列产品进行控制。

4）该控制器可以与其他带有蓝牙装置的设备通信或最多与 8 个 ROBO TX 控制器通信。

5）该控制器五面均有“慧鱼”模型专用的燕尾槽，尺寸小巧，确保控制器与“慧鱼”模型实现任意拼接。

控制器结构如图8-16所示，图中各编号的功能如下：

1）图8-16中1为USB2.0接口可使ROBO TX控制器与计算机建立连接。

2）图8-16中2为9V-IN电池接口，可连接电池组或充电电池。

3）图8-16中3为9V-IN插座，是直流电源连接口，使用直流9V的适配器为控制器供电。

4）图8-16中4为输出接口M1～M4或O1～O8，可以连接4个电动机，也可以连接8个灯泡或者电磁铁，此时另一端接地。

5）图8-16中5为输入接口C1～C4，是快速计数输入接口。例如，开关就可以用作计数输入。可以接受最高1kHz的数字脉冲，即1000脉冲/s。

6）图8-16中6为通/断开关，可接通或者断开控制器的电源。

7）图8-16中7为9V输出接口，给某些传感器（如颜色传感器、轨迹传感器、超声波传感器和磁性编码器）提供必需的9V工作电压。

8）图8-16中8为液晶屏，显示控制器的工作状态、程序下载、菜单等信息，配合选择按钮实现对内容的确认。程序运行时，各种数值也可以在液晶屏上显示。

9）图8-16中9为通用输入接口I1～I8，是信号输入的通用接口，包括原来的数字量和模拟量，在ROBO Pro软件中可以设定。该接口可以连接数字传感器（开关、干簧管、光电传感器）、红外踪迹传感器、电阻值为0～5kΩ的模拟量传感器（温度传感器、光电传感器）、电压值为0～10V的模拟量传感器（颜色传感器）、超声波距离传感器等各类传感器。

图8-16　ROBO TX控制器

10）图8-16中10为EXT扩展口（含I2C）。通过该接口可以扩展其他的ROBO TX控制器，并由此增加输入口和输出口的数量。

七、常用件的安装、连接方法

1. 块与块之间的连接

块与块之间的连接如图8-17所示。

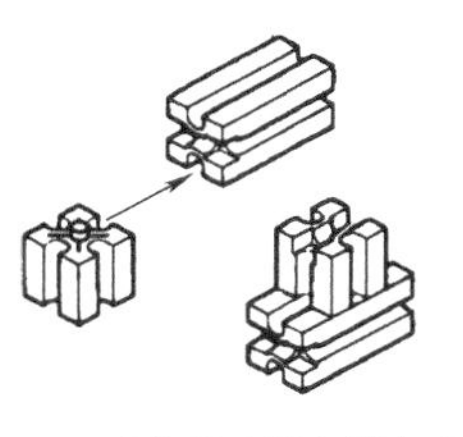

a) 把桩头滑入槽中就可实现块与块的连接

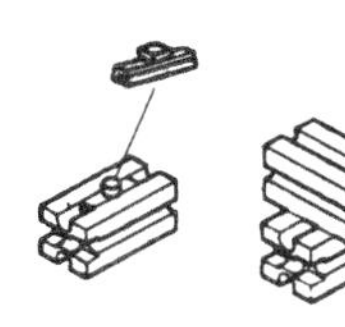

b) T 形连接器可以把槽变成桩头

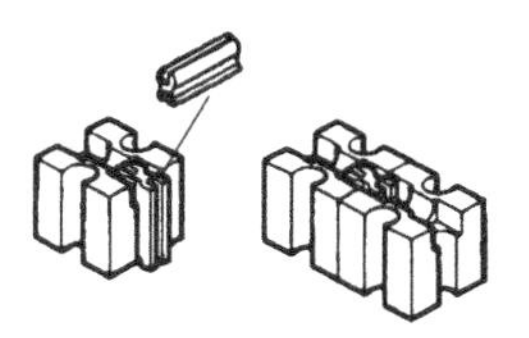

c) 连接条使块与块、面与面连接

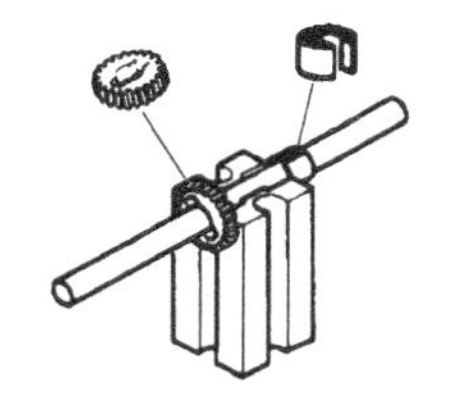

d) 用垫片和弹性圈固定轴

e) 这个组件使两个轴相连

图 8-17 块与块连接图

2. 结构件的连接

结构件的连接如图 8-18 所示。除了标准的接插连接件外，还有插入旋转钉来连接条状构件。

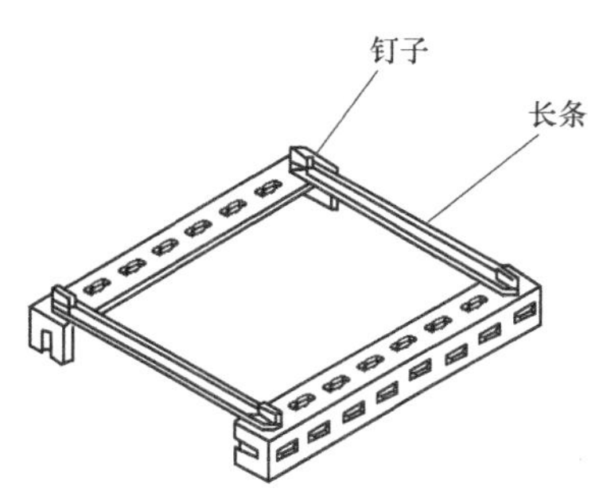

图 8-18 结构件的连接

3. 轮子与轴的连接

轮子与轴的连接如图 8-19 和图 8-20 所示。

1）大部分的轮子是由螺母和抓套固定在轴上的，如图 8-19 所示。

螺母

抓套

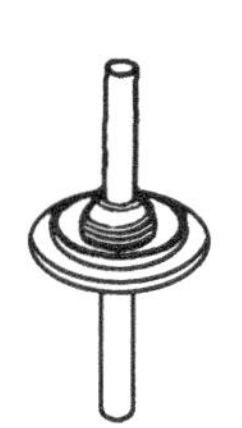

a) 把抓套装在轴上

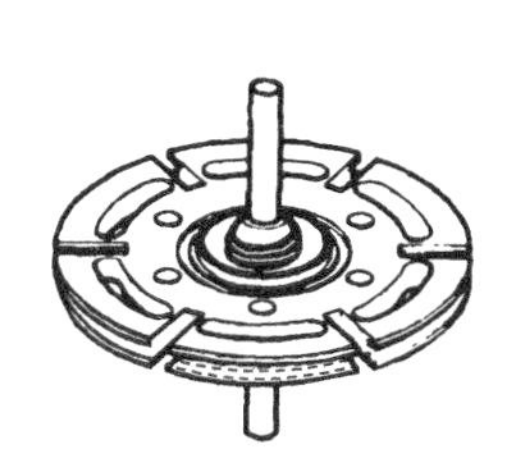

b) 把轮子放在抓套上

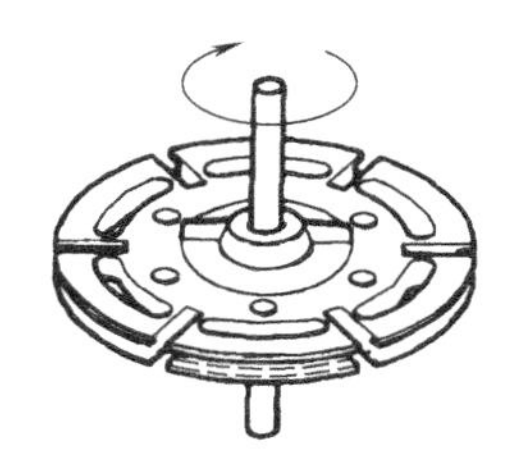

c) 旋紧螺母

图 8-19 轮子与轴连接图（一）

2）图 8-20 所示是一些抓套稍有差别的紧固单元。

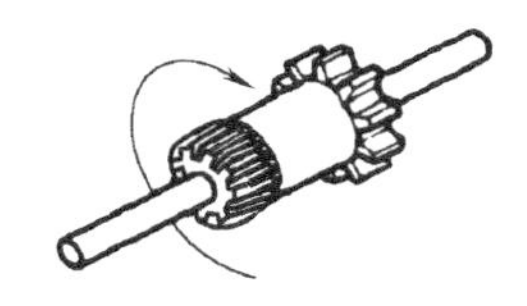

图 8-20 轮子与轴连接图（二）

4. 运动副及其他构件的连接

运动副及其他构件的连接如图 8-21 所示。

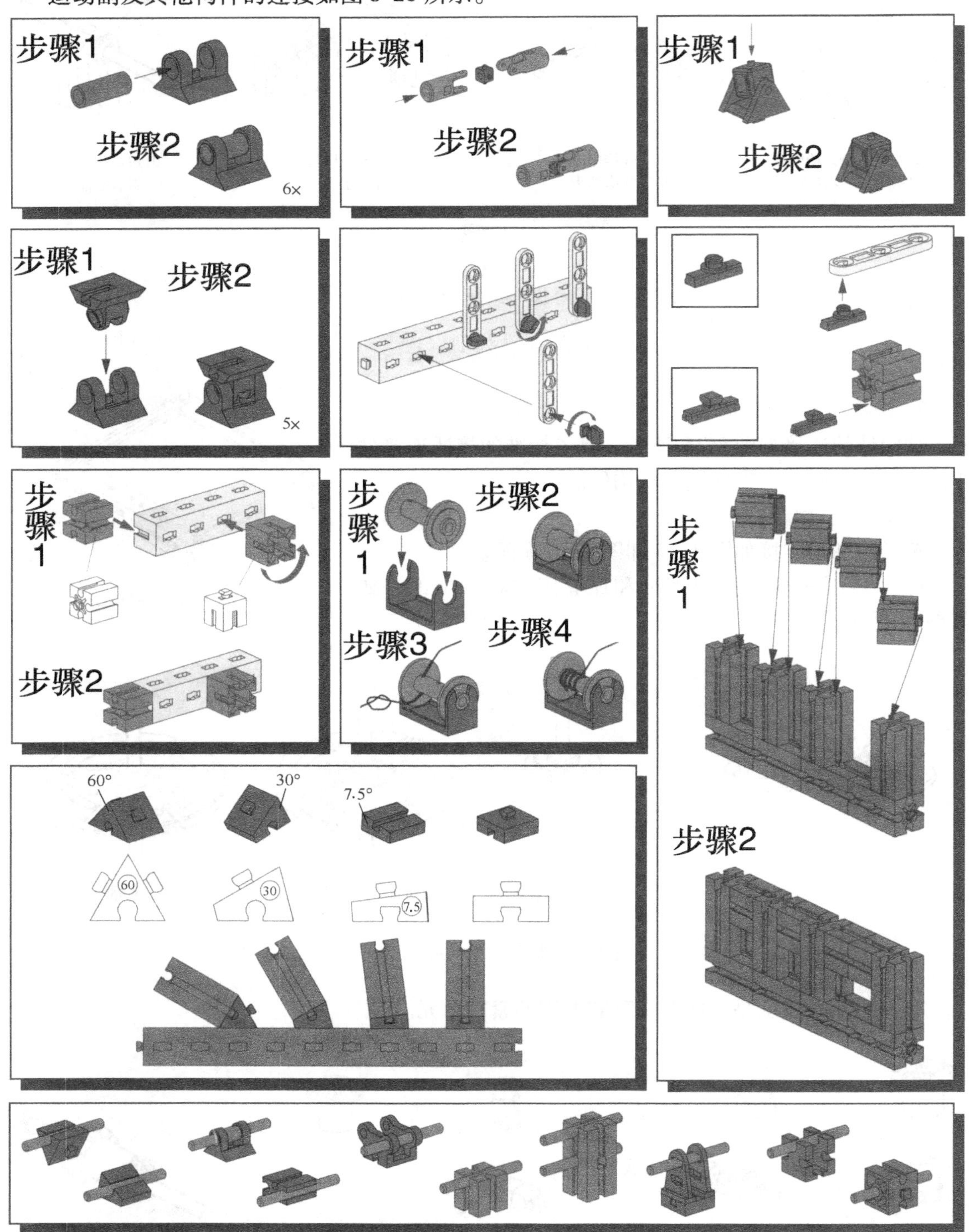

图 8-21　运动副及其他构件连接图

5. 接线方法

（1）确定导线的长度　导线长度的确定可参考每个组合包中操作手册里的推荐数值，也可以根据自己模型的实际位置以及走线的合理布置选择合适的长度。

（2）接线头的连接方法　接线头的连接方法如图 8-22 所示步骤 1～步骤 3。

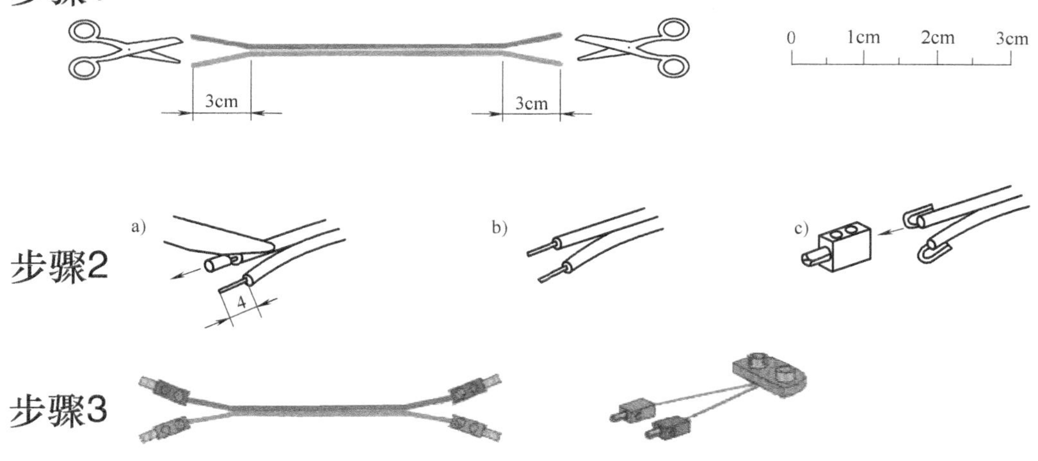

图 8-22　接线头连接图

八、实验步骤

本实验步骤主要针对初次参加创意组合实验的学生，所有参与该实验活动的学生都要经过这样的基本训练，才有资格参与后续的活动。后续活动的具体内容由指导老师安排。

1）认识构件。按照表 8-2 所列清单，对照形状、货号、数量，找出所有构件，并按照要求填写表 8-1（该表格在实验箱和实验报告书中各一份，均要求填写）。

表 8-1　德国“慧鱼”创意组合模型构件清点情况表（样表）

实验台号：________________　　　　　　______年____月____日

<table>
<tr><td rowspan="2">同组签名</td><td>班级</td><td colspan="2"></td><td></td><td></td><td></td><td colspan="2"></td></tr>
<tr><td>姓名</td><td colspan="2"></td><td></td><td></td><td></td><td colspan="2"></td></tr>
<tr><td rowspan="4">清点结果</td><td>是否正常?</td><td></td><td colspan="4">上组实验态度成绩（占实验成绩30%）</td><td colspan="2"></td></tr>
<tr><td>所缺货号</td><td colspan="7"></td></tr>
<tr><td>破损货号</td><td colspan="7"></td></tr>
<tr><td colspan="2">是否配缺或调换破损?</td><td colspan="6"></td></tr>
</table>

该步骤的主要目的是使学生认识和熟悉各种构件，为下面步骤的顺利进行奠定基础；其次是培养学生认真和负责的态度，学生必须认真执行。

2）按安装及连接的要求找出相应构件，练习各构件的连接方法。

3）在本章“十一、典型模型搭建步骤”中找出要搭建的模型，按如下步骤进行搭建：

① 对模型有总体的认识，了解模型的原型和工作原理。

② 按模型搭建图中的顺序拼装模型。按搭建图中的每个步骤收集所需构件，该步骤完成后所收集的构件也应该正好用完，然后再进行下一步骤的工作。为每一步命名（如第一步：搭建底座），并统计步骤和每个步骤使用构件的个数。

③ 模型搭建完成后，检查所有部件是否正确连接，将滑动组件调整到最佳位置，使模型完成预定要求。

④ 分析所搭建的模型中都用到哪些机构，画出所有机构的运动简图。

⑤ 拆分模型到构件状态，分门别类地放置在零件盒内，清理实验场地。

4）按要求完成实验报告或研制报告。

九、注意事项

1）根据每个组合包操作手册中所列零件清单，分别存放零件。

2）做实验时按需领取零件。做完实验后要把所有零件分门别类地放回原处，尤其要避免小零件的丢失和损坏。

3）装配机械模型过程中，要注意零件的尖角，避免划伤。

4）模型编程调试前必须进行接口测试，经过手动调试后方可进行实验。

十、万用组合包零件清单

万用组合包零件清单见表 8-2，其彩图见书后插页。

表 8-2　万用组合包零件清单

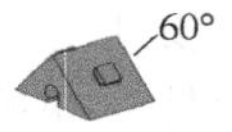 60°	31010 8 ×		31054 1 ×		31674 2 ×		31999 1 ×
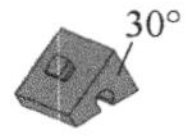 30°	31011 6 ×		31058 4 ×		31690 4 ×		32064 9 ×
	31016 2 ×	 15	31060 8 ×		31771 1 ×	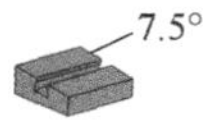 7.5°	32071 4 ×
	31019 1 ×	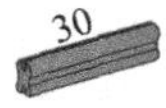 30	31061 3 ×		31772 1 ×		32085 4 ×
	31020 1 ×		31124 1 ×		31848 6 ×		32316 2 ×
	31021 2 ×		31422 1 ×		31915 1 ×		32330 2 ×
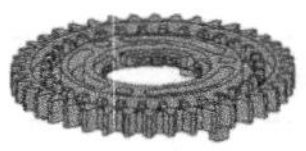	31022 1 ×		31426 5 ×		31918 1 ×		32850 7 ×
 110	31031 2 ×		31436 11 ×		31982 10 ×		32854 2 ×
	31053 1 ×		31597 5 ×		31983 5 ×		32859 3 ×

（续）

	32869 1 ×		35054 2 ×		35071 1 ×		35945 6 ×
	32870 1 ×		35055 2 ×		35073 7 ×		35971 2 ×
	32879 6 ×	84.8	35058 2 ×		35076 10 ×		35972 1 ×
	32880 2 ×		35061 5 ×	75	35087 3 ×		35973 1 ×
	32881 10 ×		35062 2 ×		35088 2 ×		35977 1 ×
	32882 4 ×	30	35063 3 ×		35112 1 ×		35980 4 ×
	35031 4 ×	45	35064 4 ×		35113 1 ×		35981 4 ×
	35049 6 ×	60	35065 4 ×		35115 1 ×		36132 1 ×
	35051 4 ×	90	35066 4 ×		35694 1 ×		36227 8 ×
	35052 2 ×		35069 1 ×		35695 4 ×		36264 1 ×
	35053 4 ×		35070 1 ×		35797 6 ×		36294 2 ×

（续）

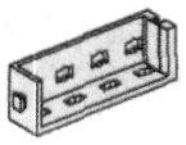	36297 8 ×		37237 8 ×		38240 6 ×	 60	38416 2 ×
	36298 8 ×		37238 4 ×	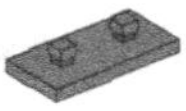	38241 4 ×		38423 8 ×
	36299 4 ×		37468 8 ×	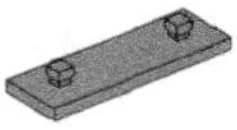	38242 3 ×		38428 4 ×
	36323 32 ×	 180	37527 1 ×		38245 3 ×		38446 1 ×
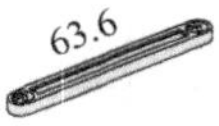 63.6	36326 4 ×		37636 2 ×		38246 6 ×		38464 3 ×
	36327 4 ×		37679 10 ×		38248 6 ×	 30	38538 4 ×
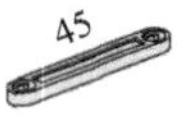 45	36328 4 ×		37858 1 ×		38253 4 ×	 60	38540 2 ×
	36334 4 ×		37925 1 ×		38260 2 ×	15	38544 4 ×
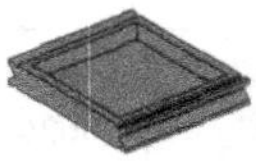	36341 2 ×		37926 3 ×		38277 2 ×	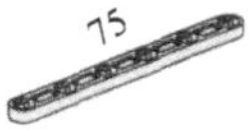 75	38545 4 ×
	36819 8 ×		38225 1 ×	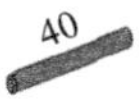 40	38414 4 ×		

十一、典型模型搭建步骤

1. 风车

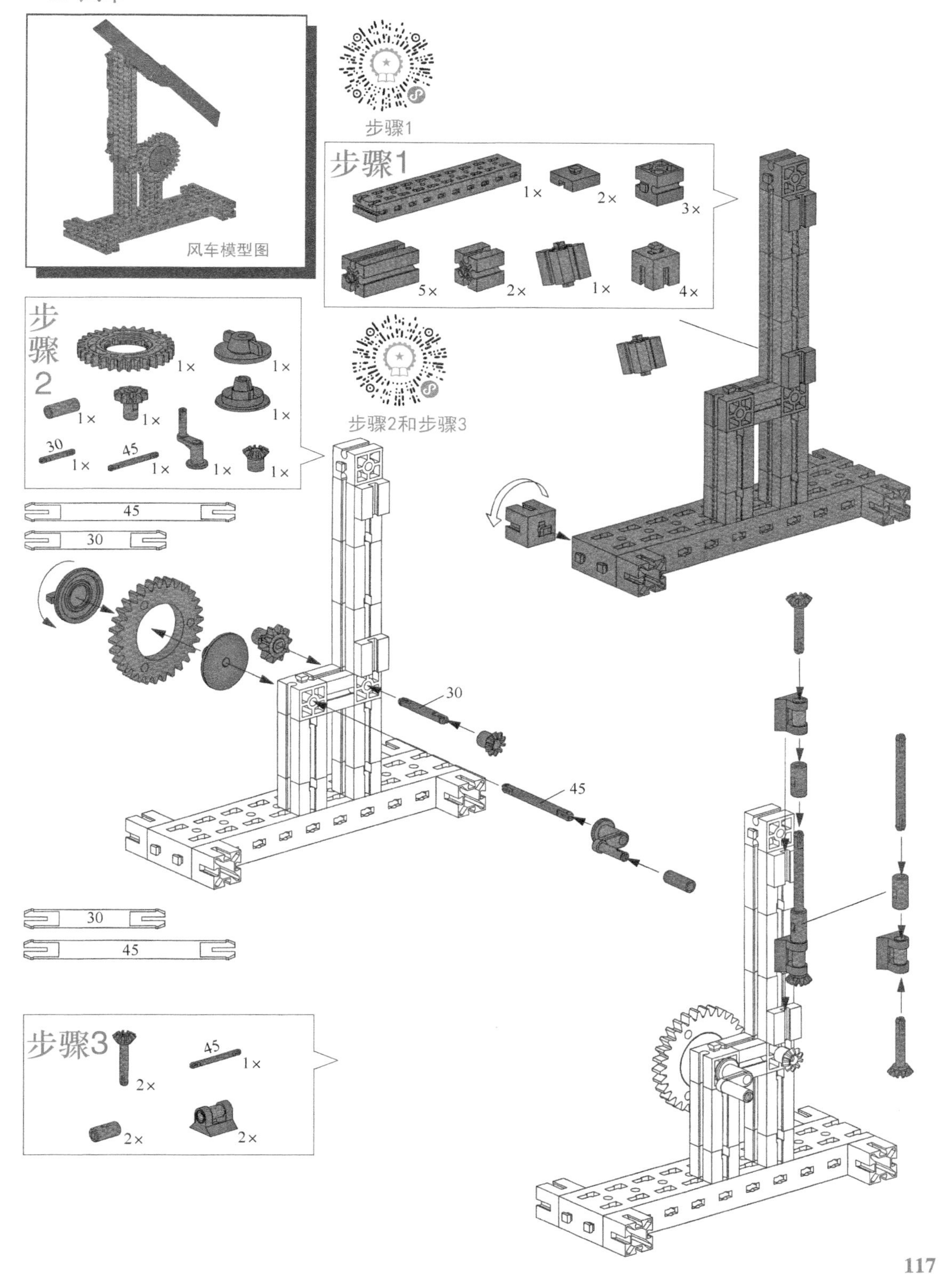

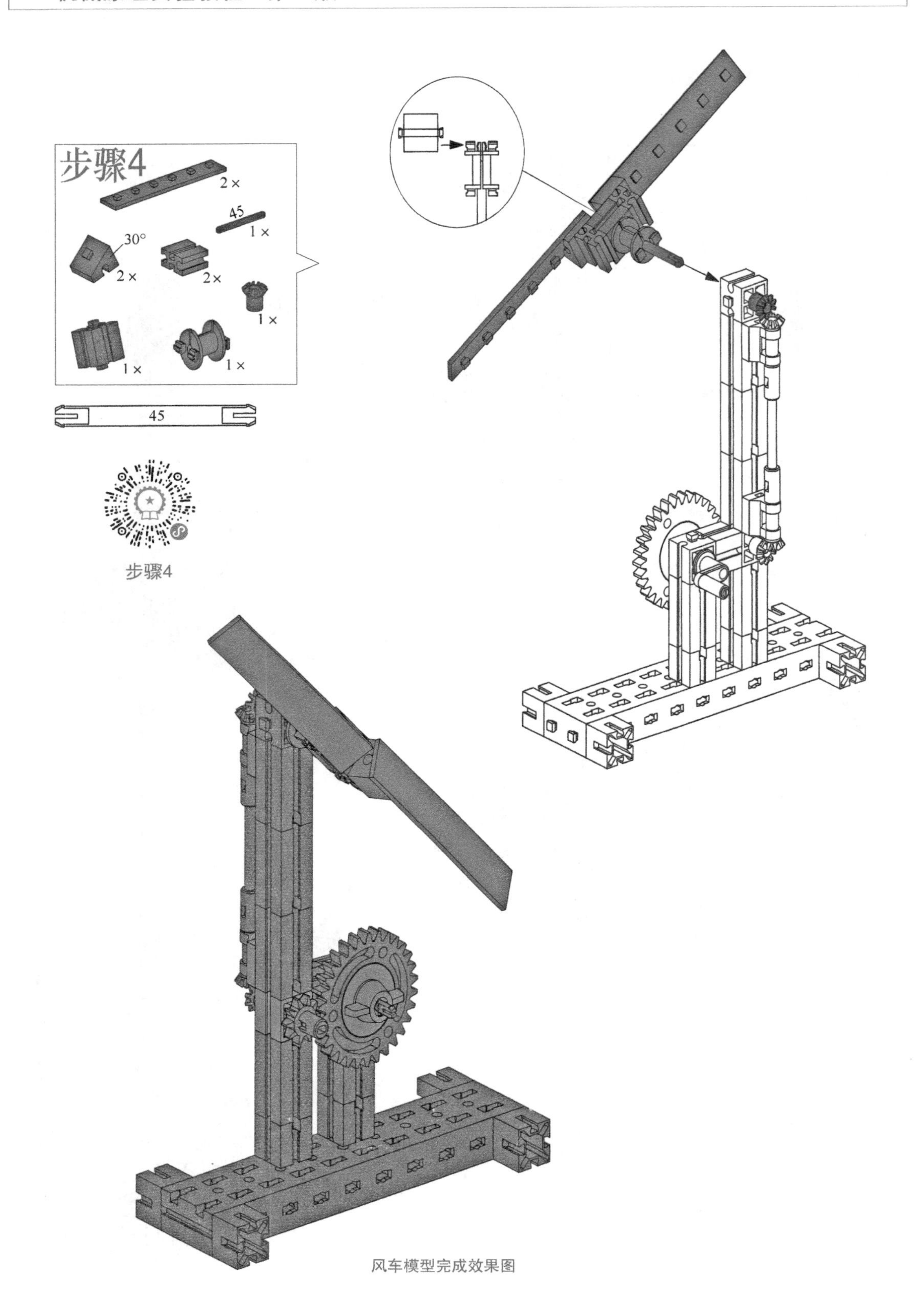

风车模型完成效果图

2. 锯床

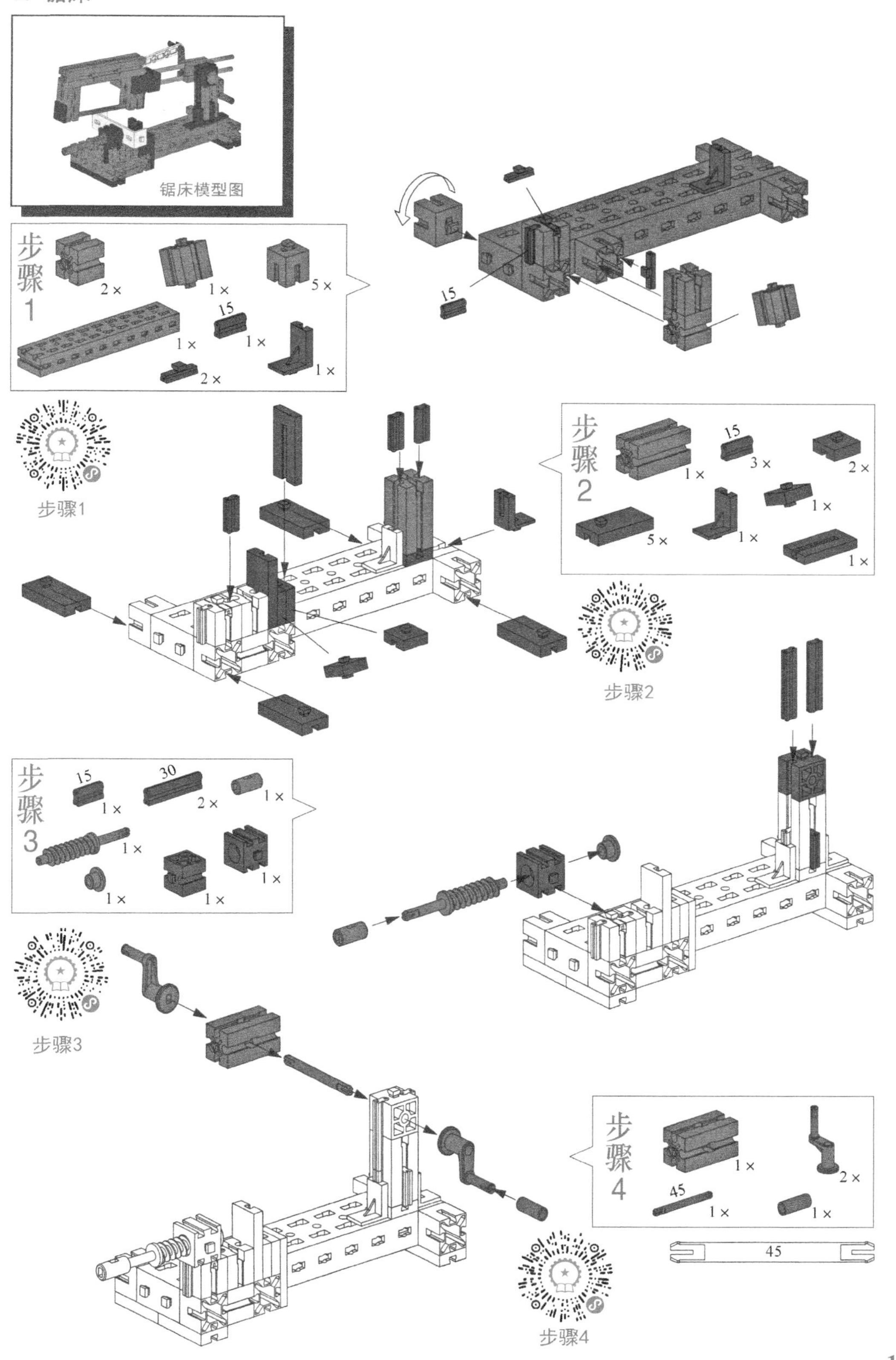
锯床模型图
步骤1
2 ×
1 ×
5 ×
15
1 ×
1 ×
2 ×
1 ×
15
步骤1
步骤2
15
1 ×
3 ×
2 ×
1 ×
5 ×
1 ×
1 ×
步骤2
步骤3
15
1 ×
30
2 ×
1 ×
1 ×
1 ×
1 ×
1 ×
步骤3
步骤4
1 ×
2 ×
45
1 ×
1 ×
45
步骤4

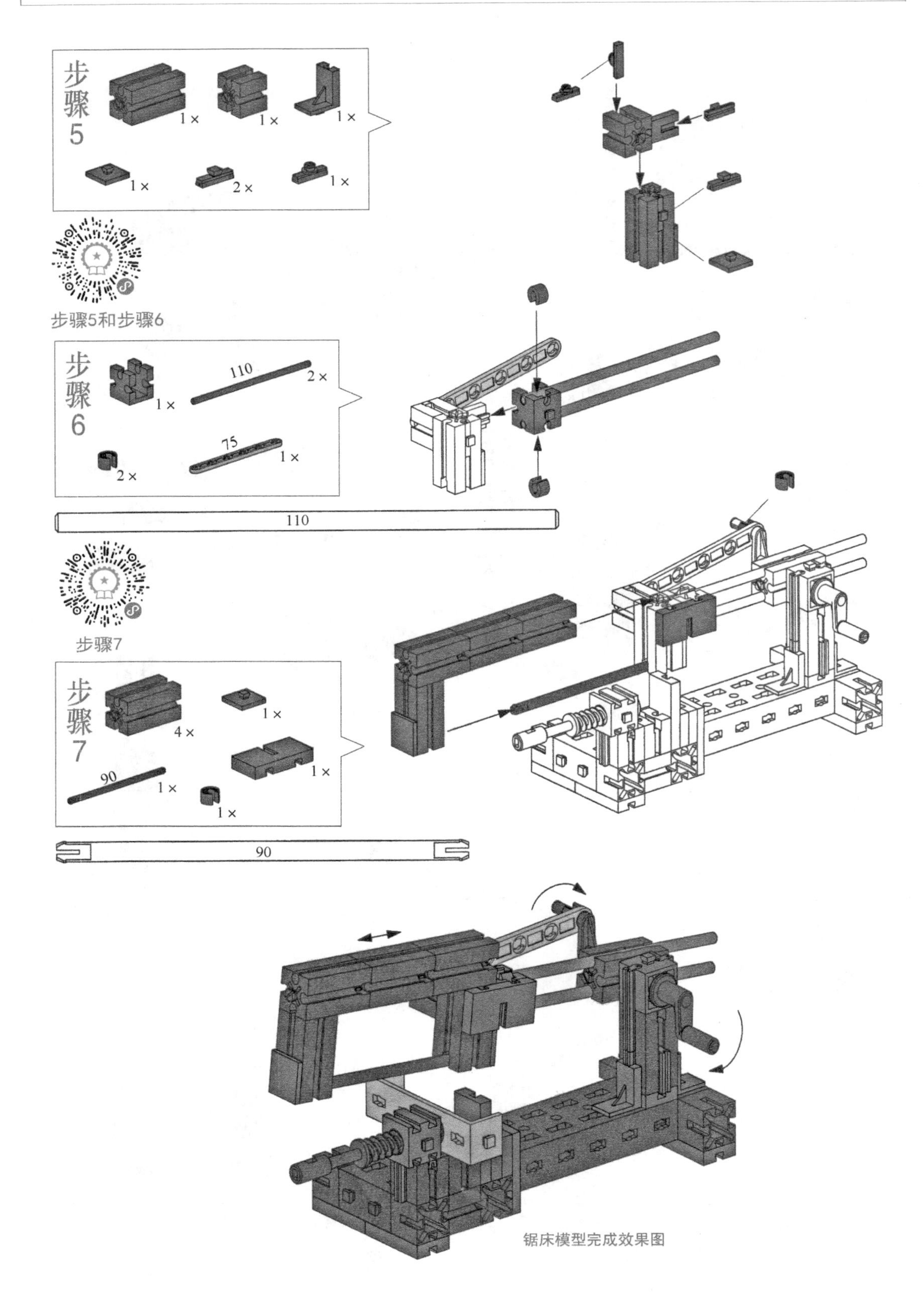

锯床模型完成效果图

3. 换向机构

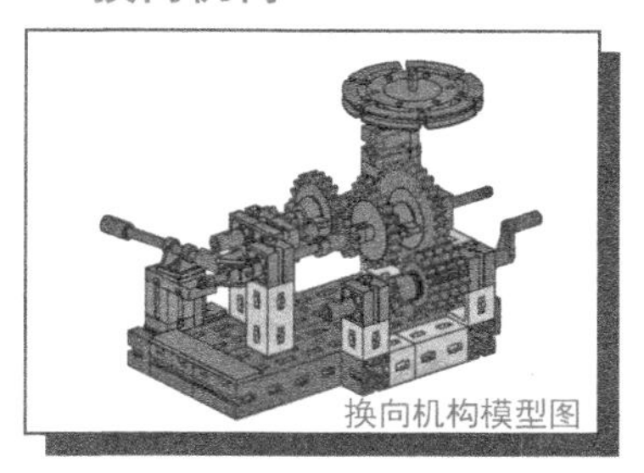

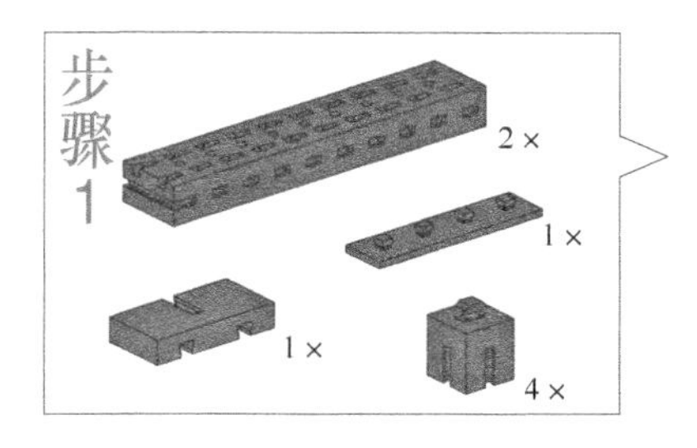

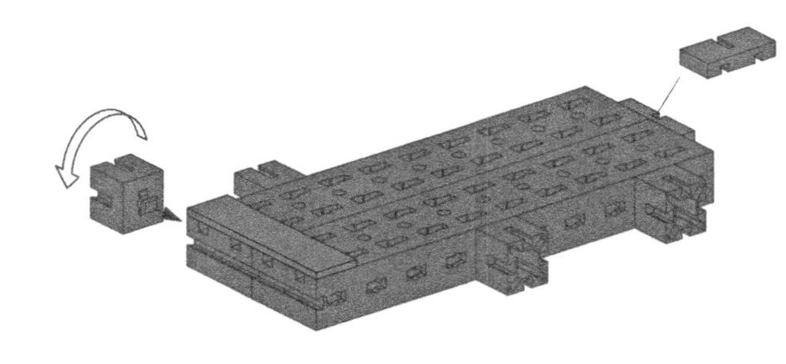

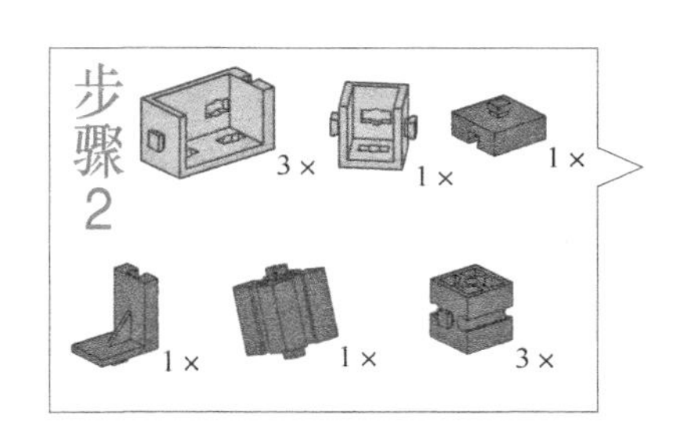

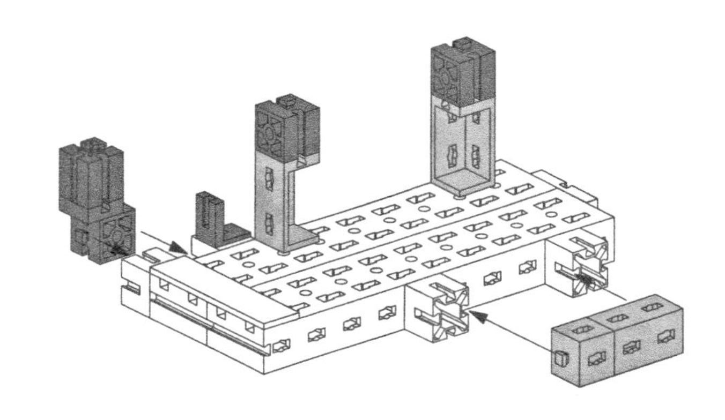

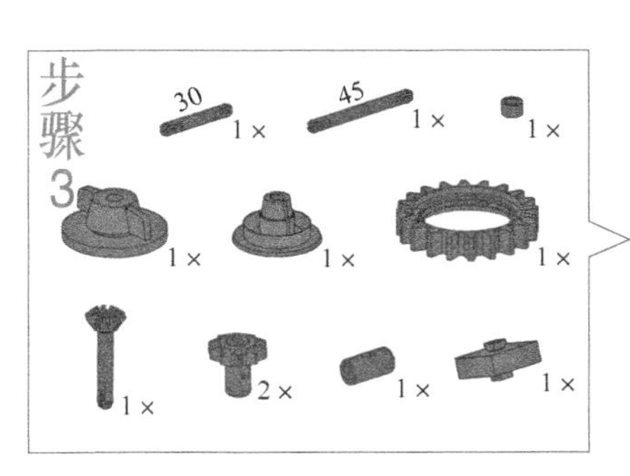

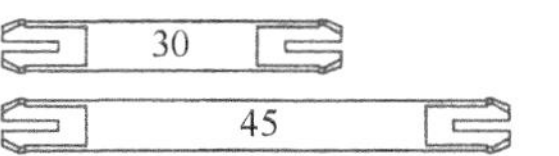

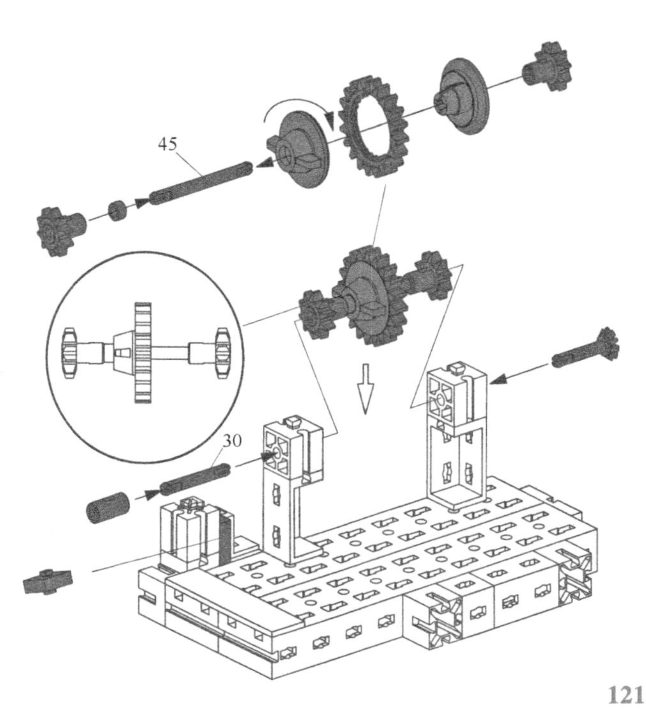

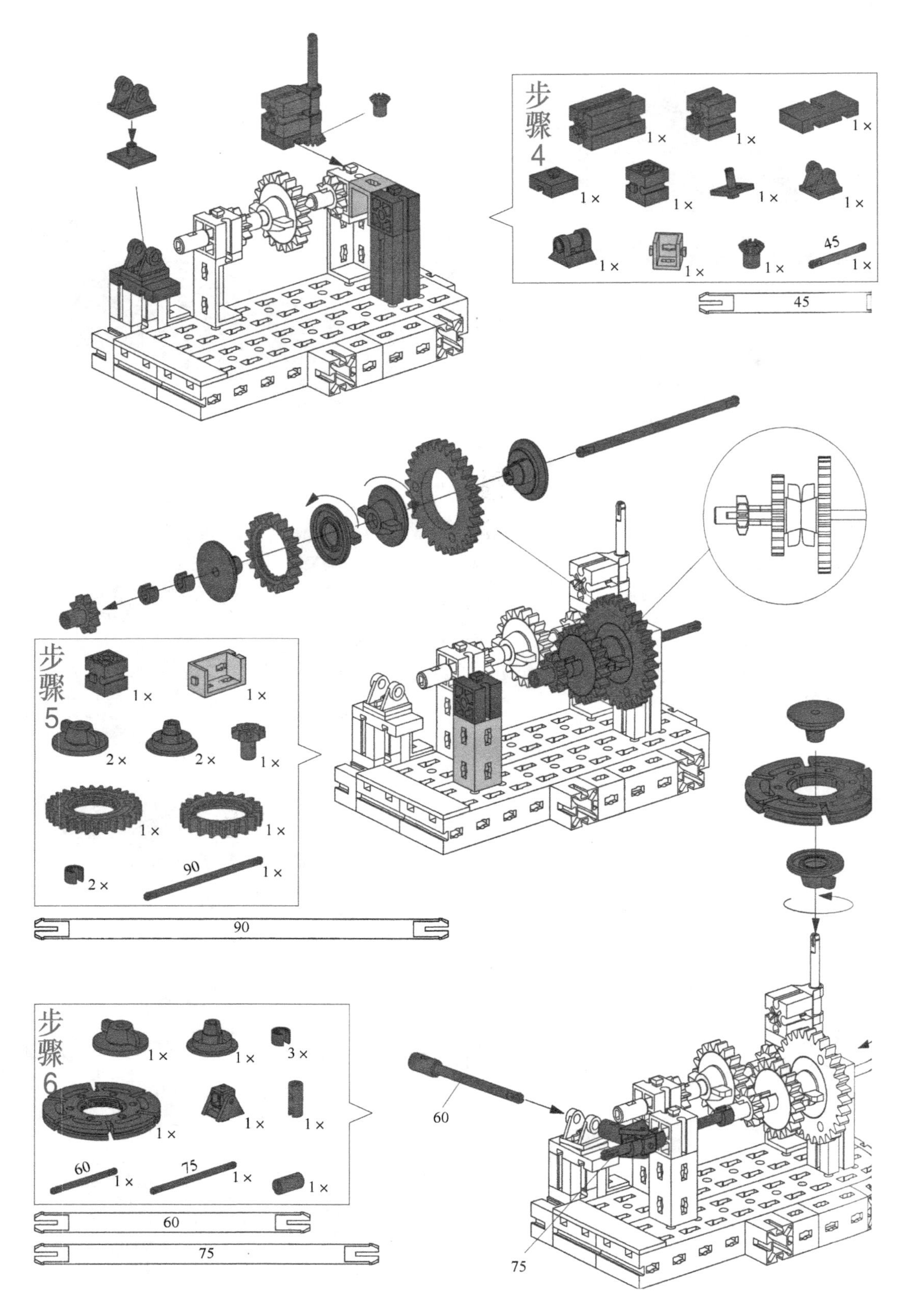
步骤4
1×
1×
1×
1×
1×
1×
1×
1×
1×
1×
45
1×
45
步骤5
1×
1×
2×
2×
1×
1×
1×
2×
90
1×
90
步骤6
1×
1×
3×
1×
1×
1×
60
1×
75
1×
1×
60
75
60
75

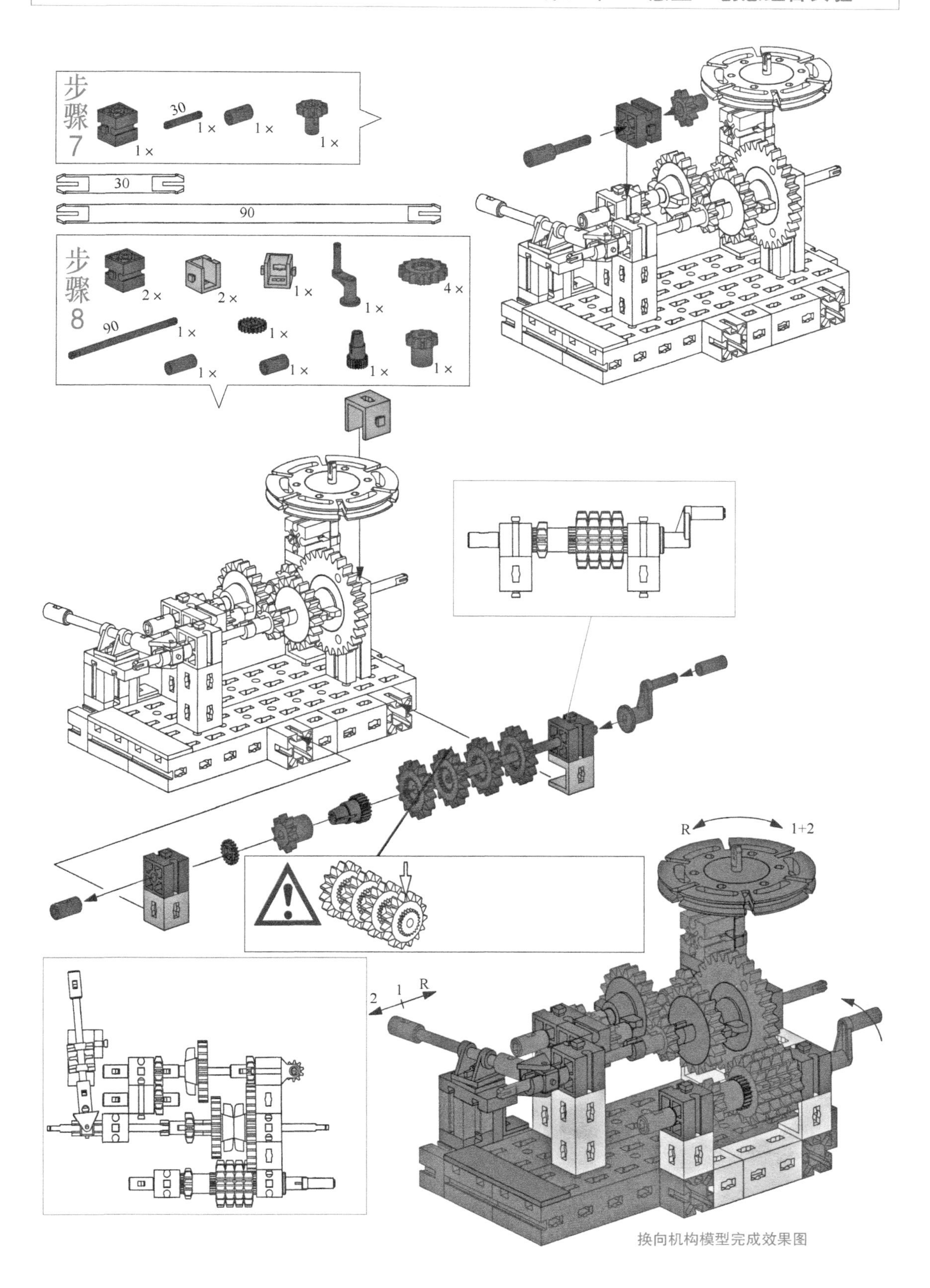

换向机构模型完成效果图

4. 车库门

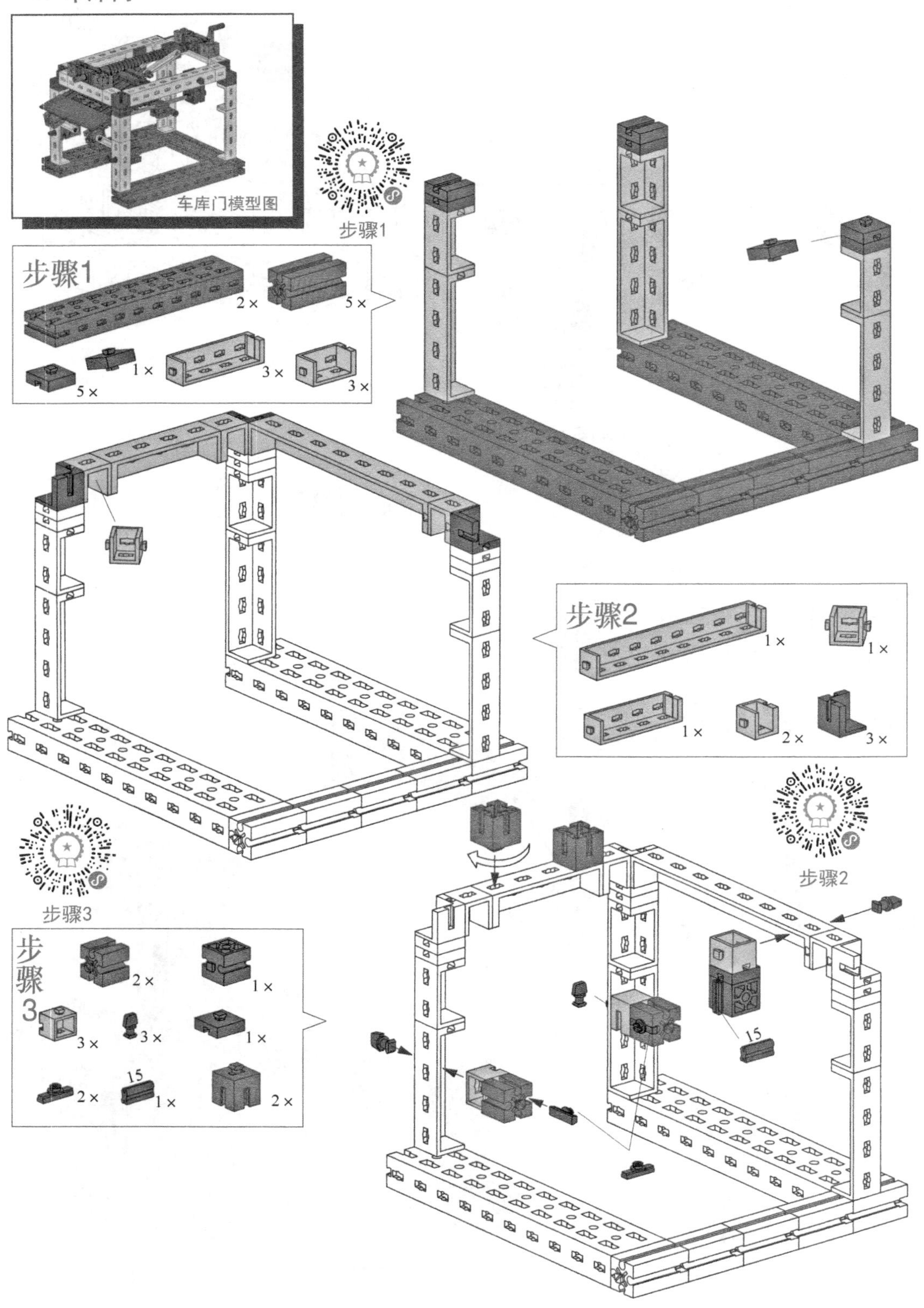

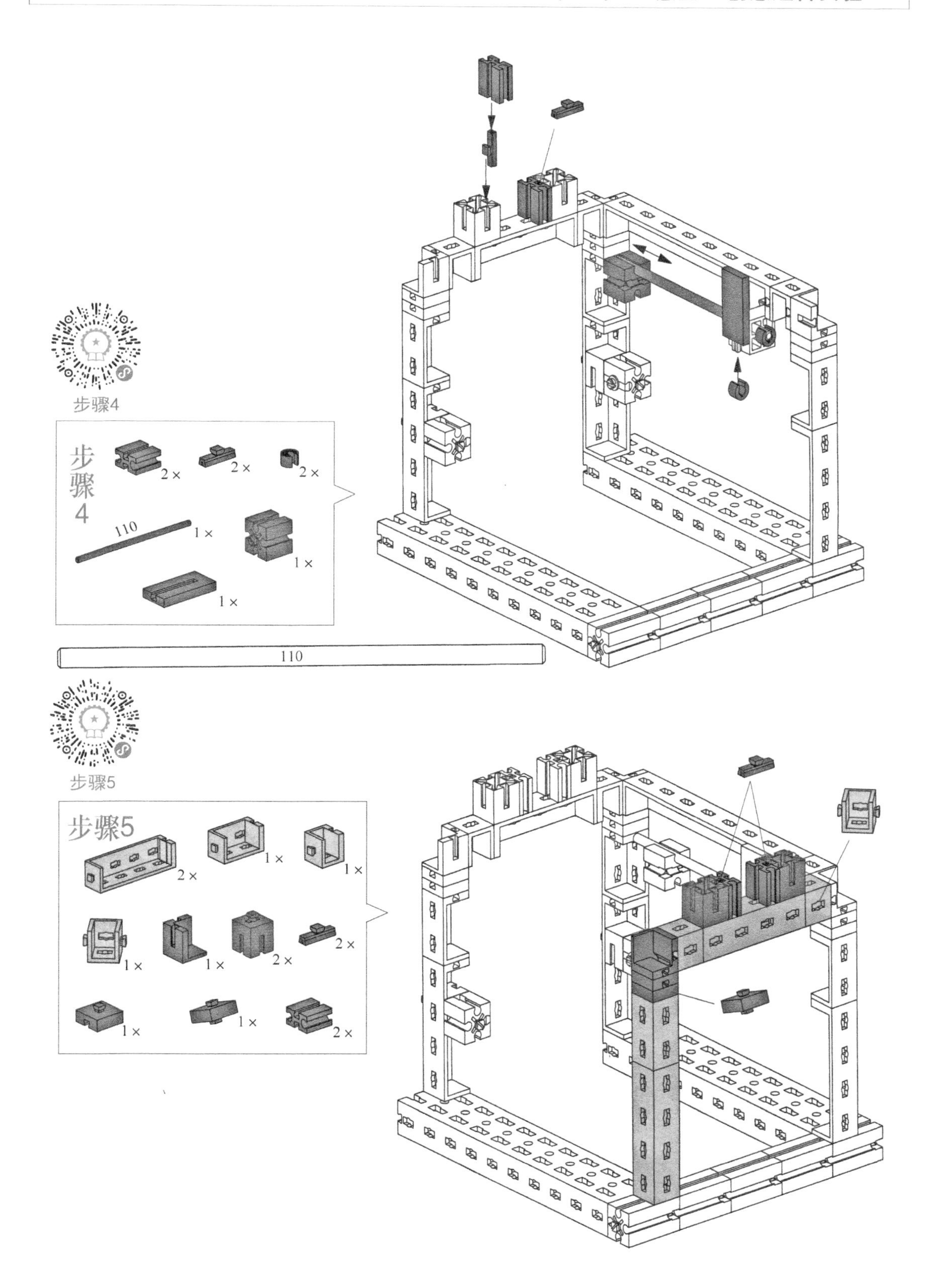
步骤4
步骤4
2 ×
2 ×
2 ×
110
1 ×
1 ×
1 ×
110
步骤5
步骤5
2 ×
1 ×
1 ×
1 ×
1 ×
2 ×
2 ×
1 ×
1 ×
2 ×

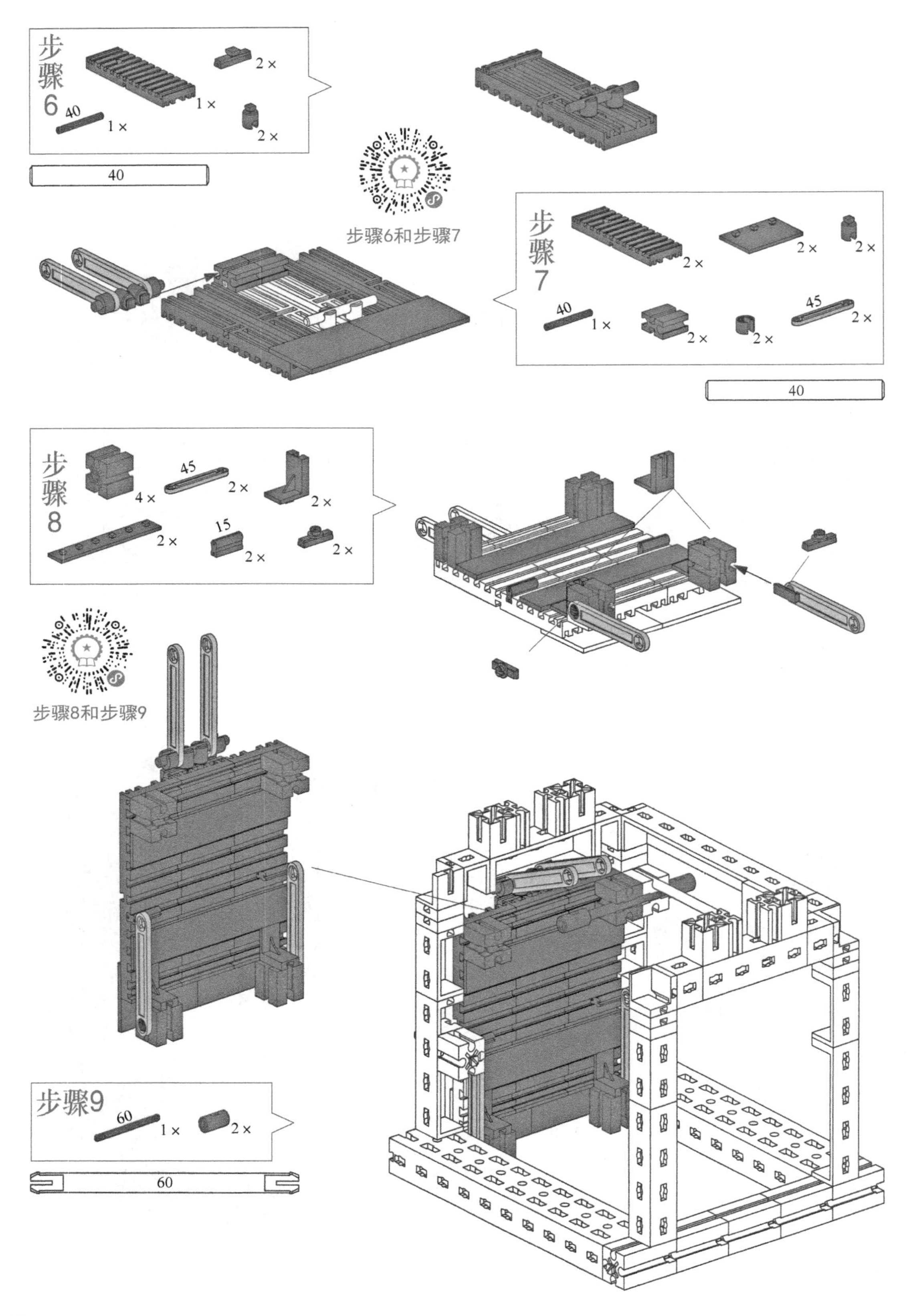
步骤6
40
1 ×
1 ×
2 ×
2 ×
40
步骤6和步骤7
步骤7
2 ×
2 ×
2 ×
40
1 ×
2 ×
2 ×
45
2 ×
40
步骤8
4 ×
45
2 ×
2 ×
8
2 ×
15
2 ×
2 ×
步骤8和步骤9
步骤9
60
1 ×
2 ×
60

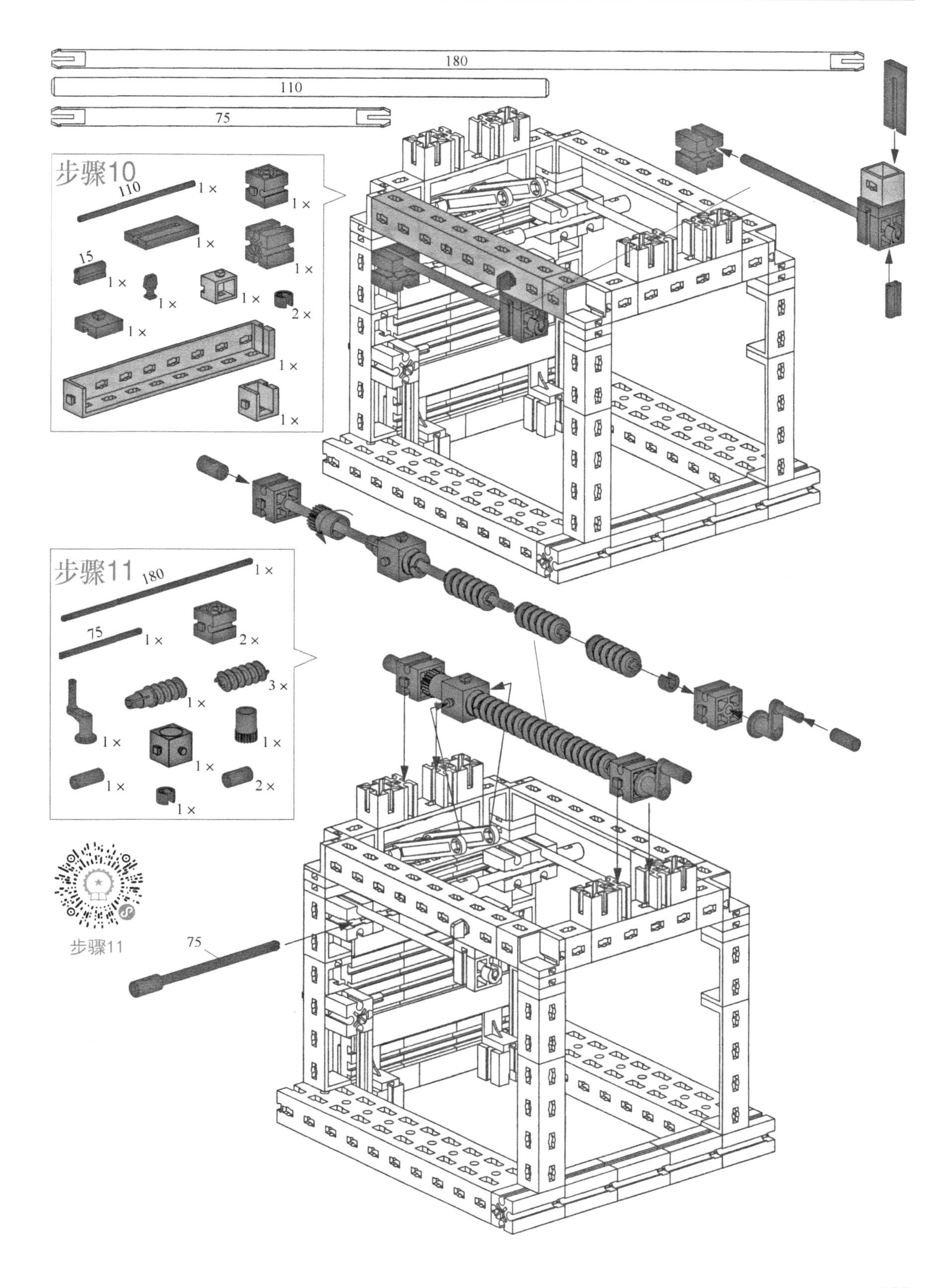
180
110
75
步骤10
110
1 ×
1 ×
1 ×
1 ×
15
1 ×
1 ×
1 ×
2 ×
1 ×
1 ×
1 ×
步骤11
180
1 ×
75
1 ×
2 ×
3 ×
1 ×
1 ×
1 ×
1 ×
1 ×
2 ×
1 ×
步骤11
75

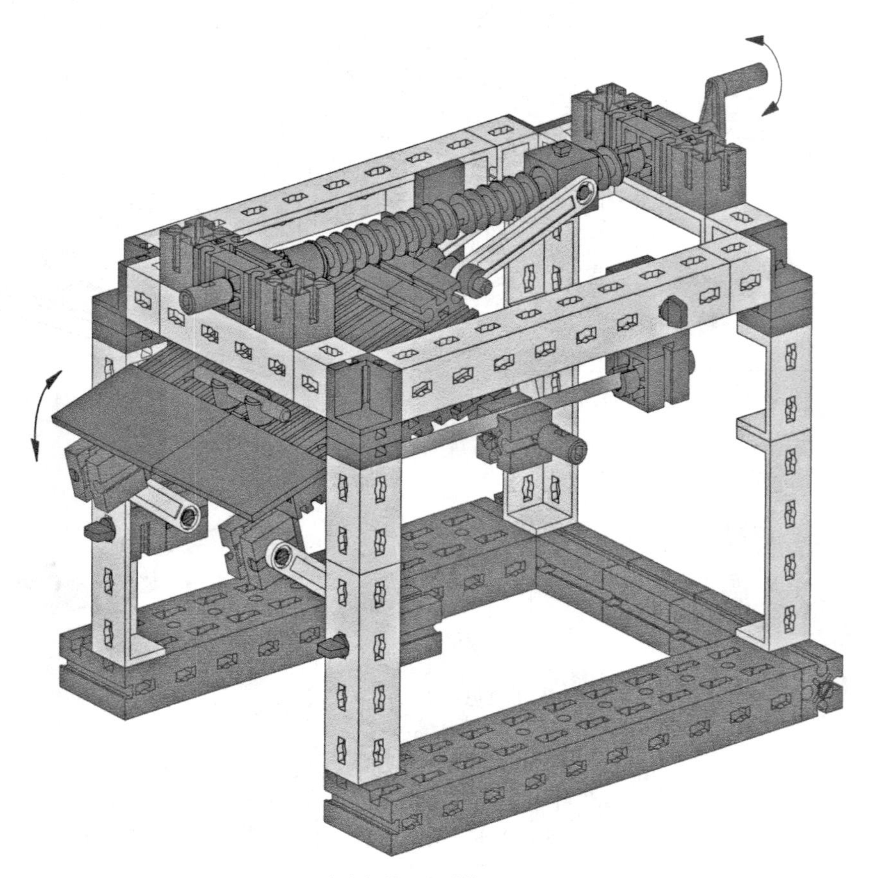

车库门模型完成效果图

5. 石油采油机

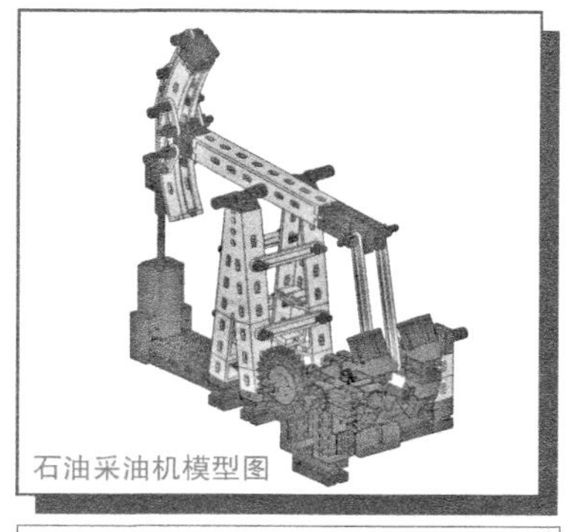

石油采油机模型图

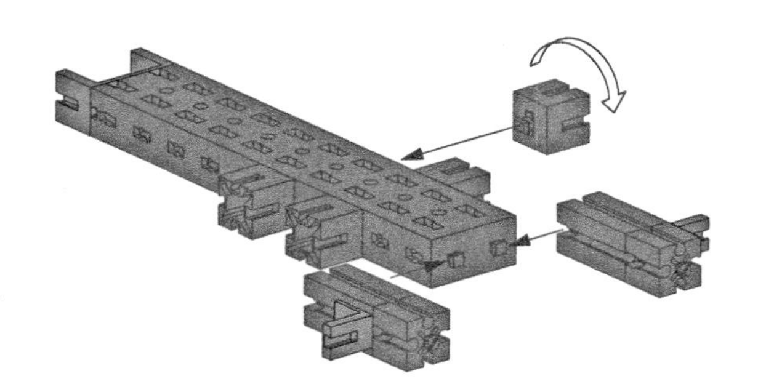

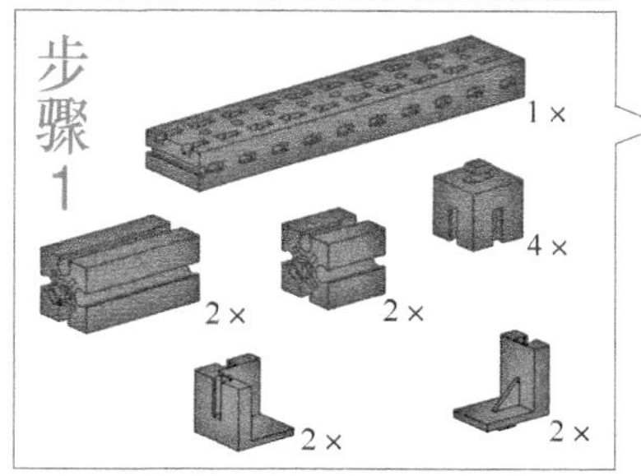

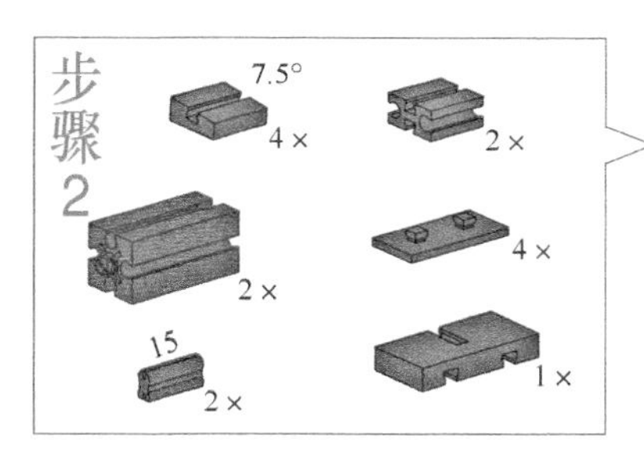

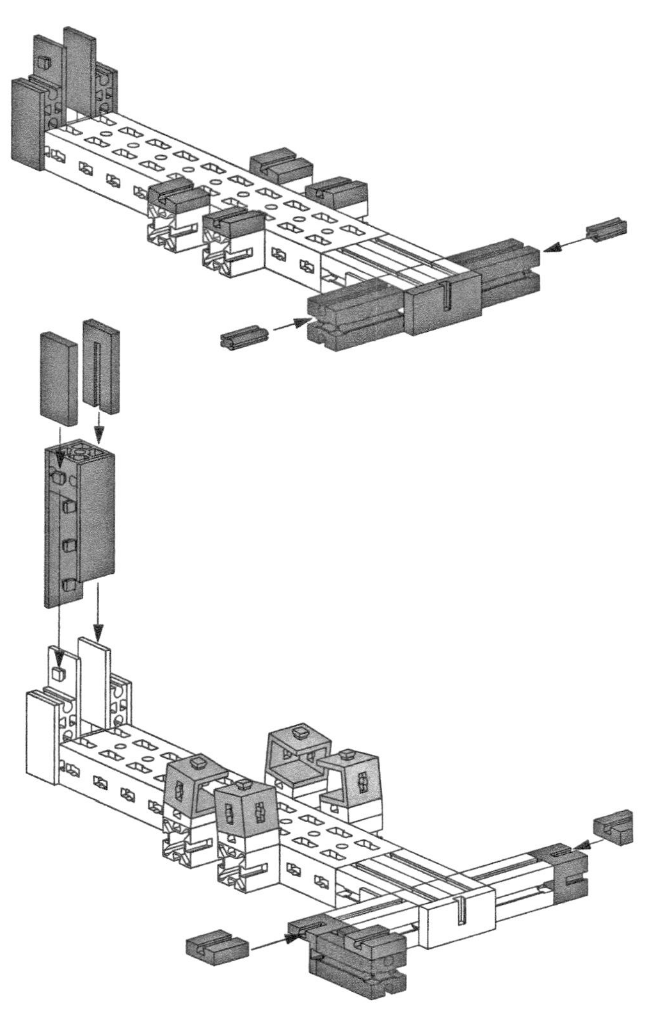

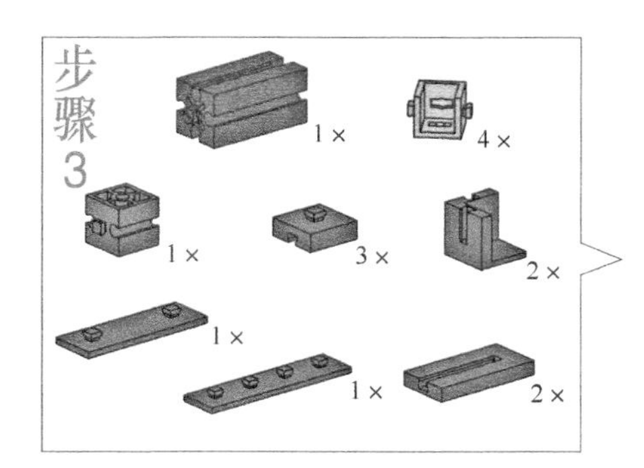

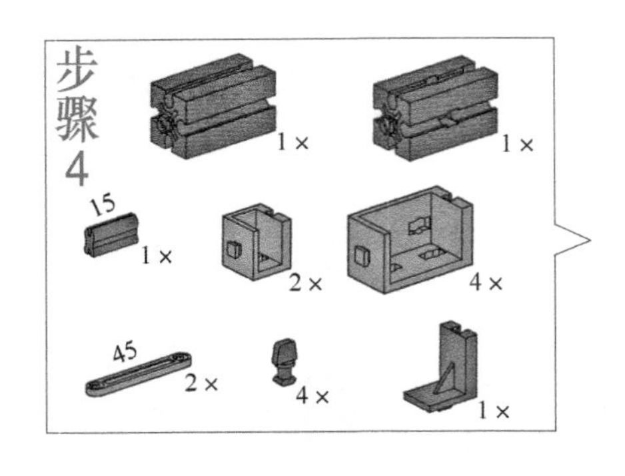
步骤
4
1 ×
1 ×
15
1 ×
2 ×
4 ×
45
2 ×
4 ×
1 ×

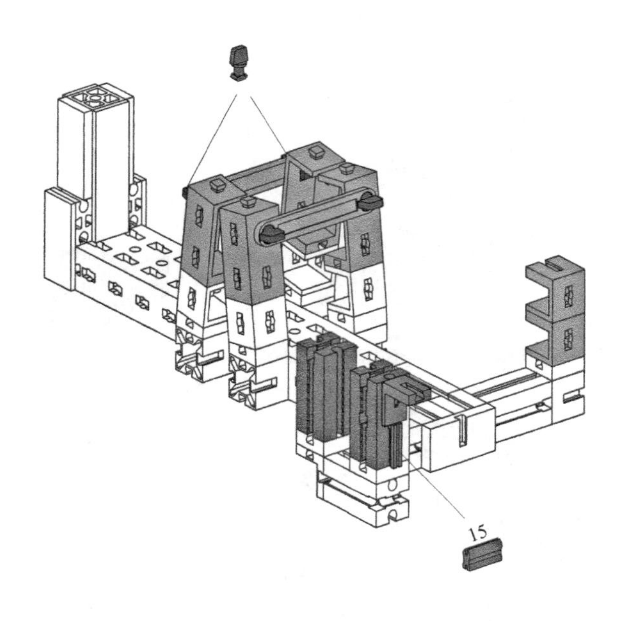
15

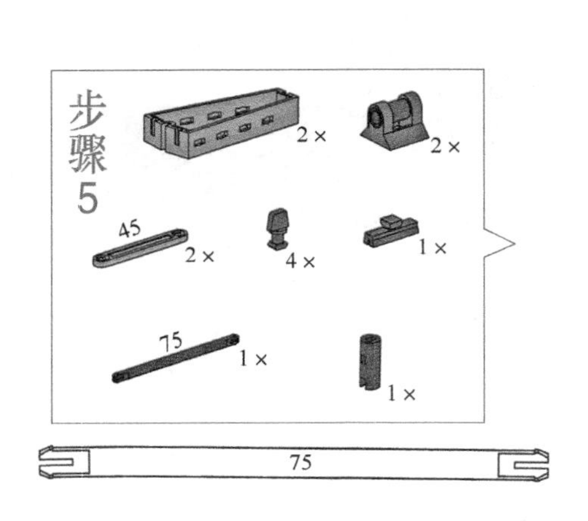
步骤
5
2 ×
2 ×
45
2 ×
4 ×
1 ×
75
1 ×
1 ×
75

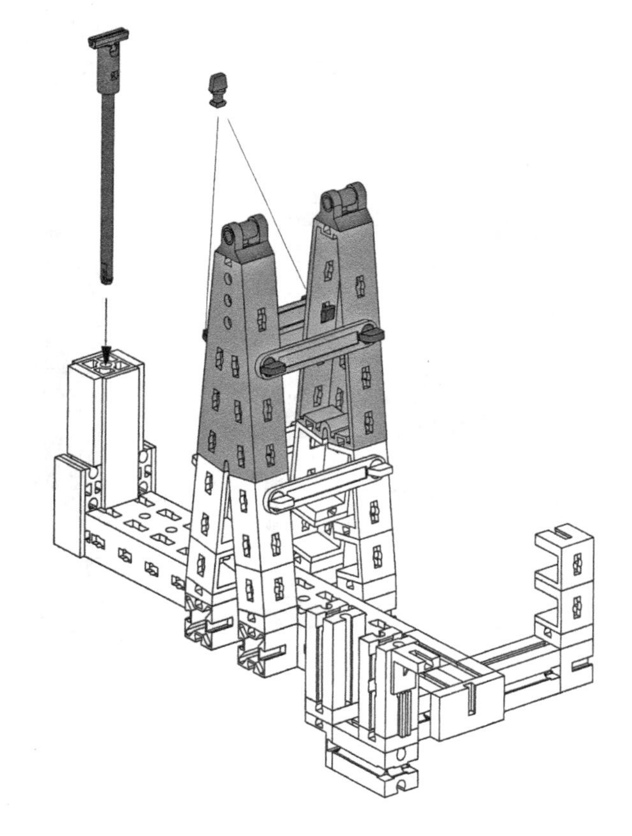

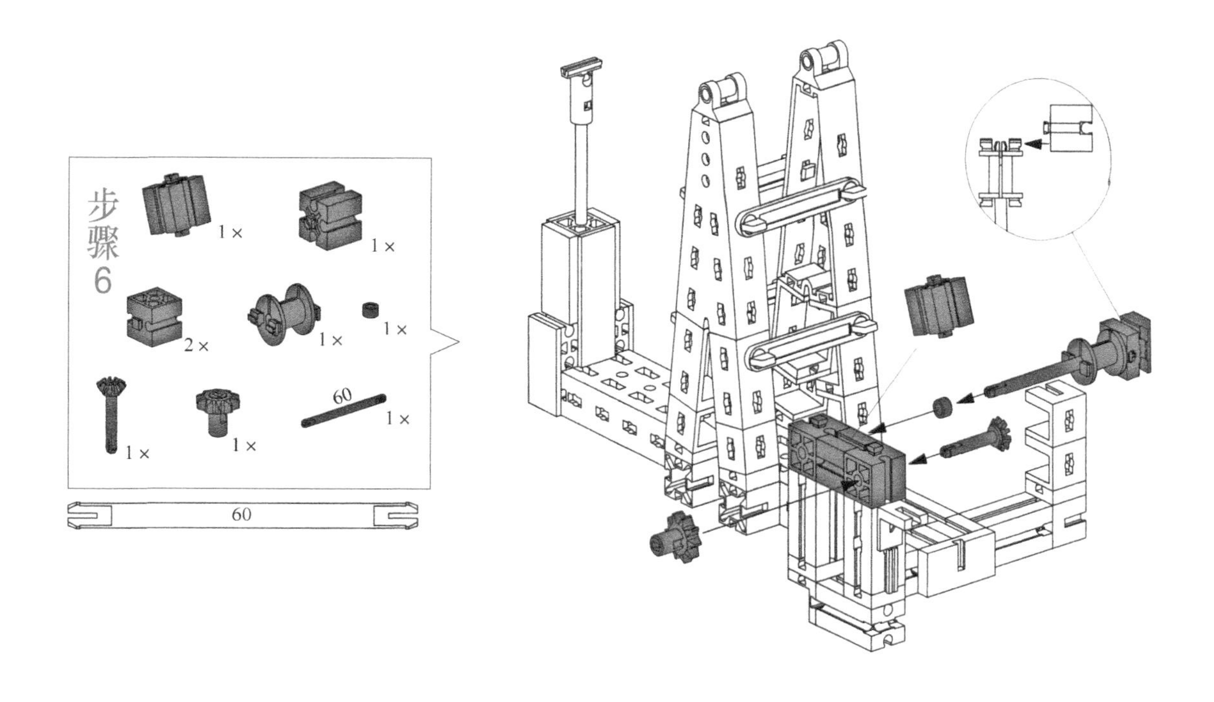
步骤6
1×
1×
2×
1×
1×
1×
1×
60
1×
60

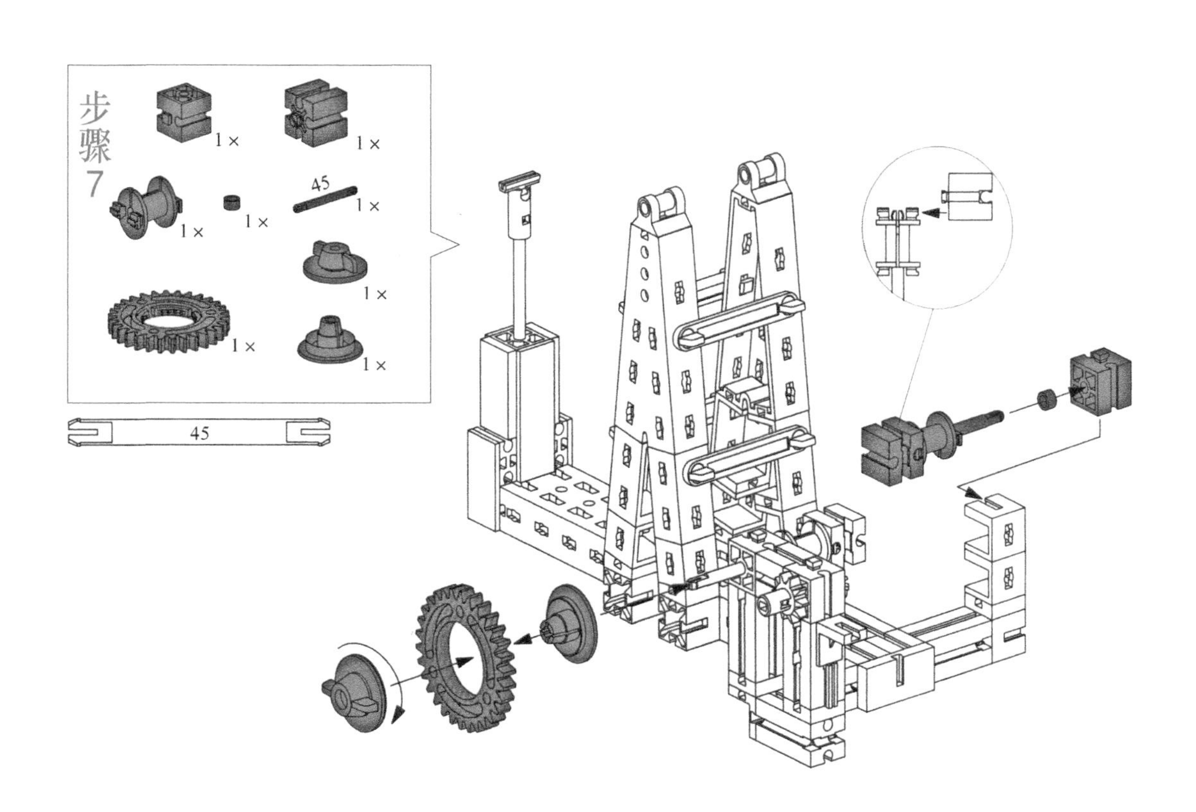
步骤7
1×
1×
1×
1×
45
1×
1×
1×
1×
45

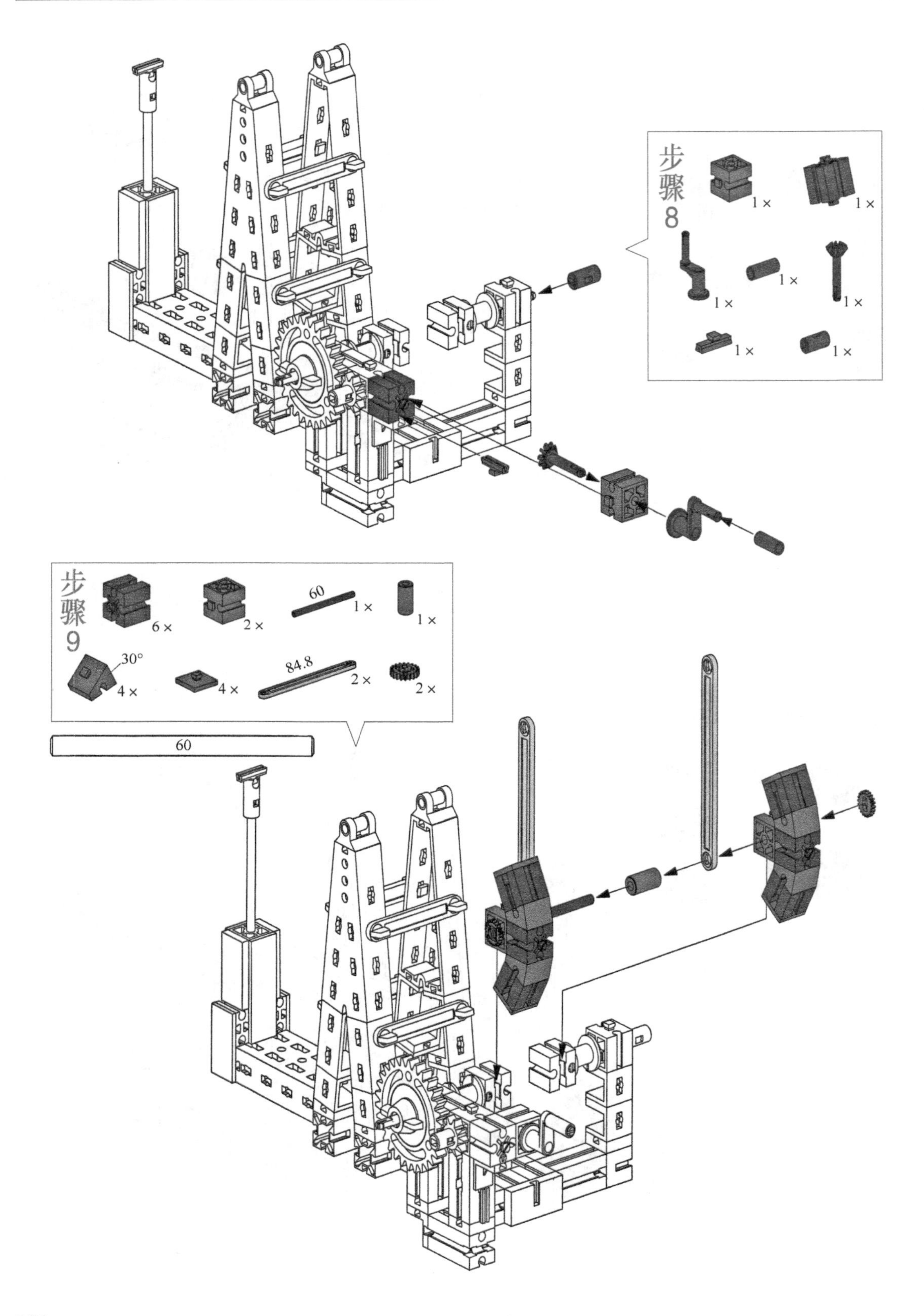

步骤8
1×
1×
1×
1×
1×
1×
1×
步骤9
6×
2×
60
1×
1×
30°
4×
4×
84.8
2×
2×
60

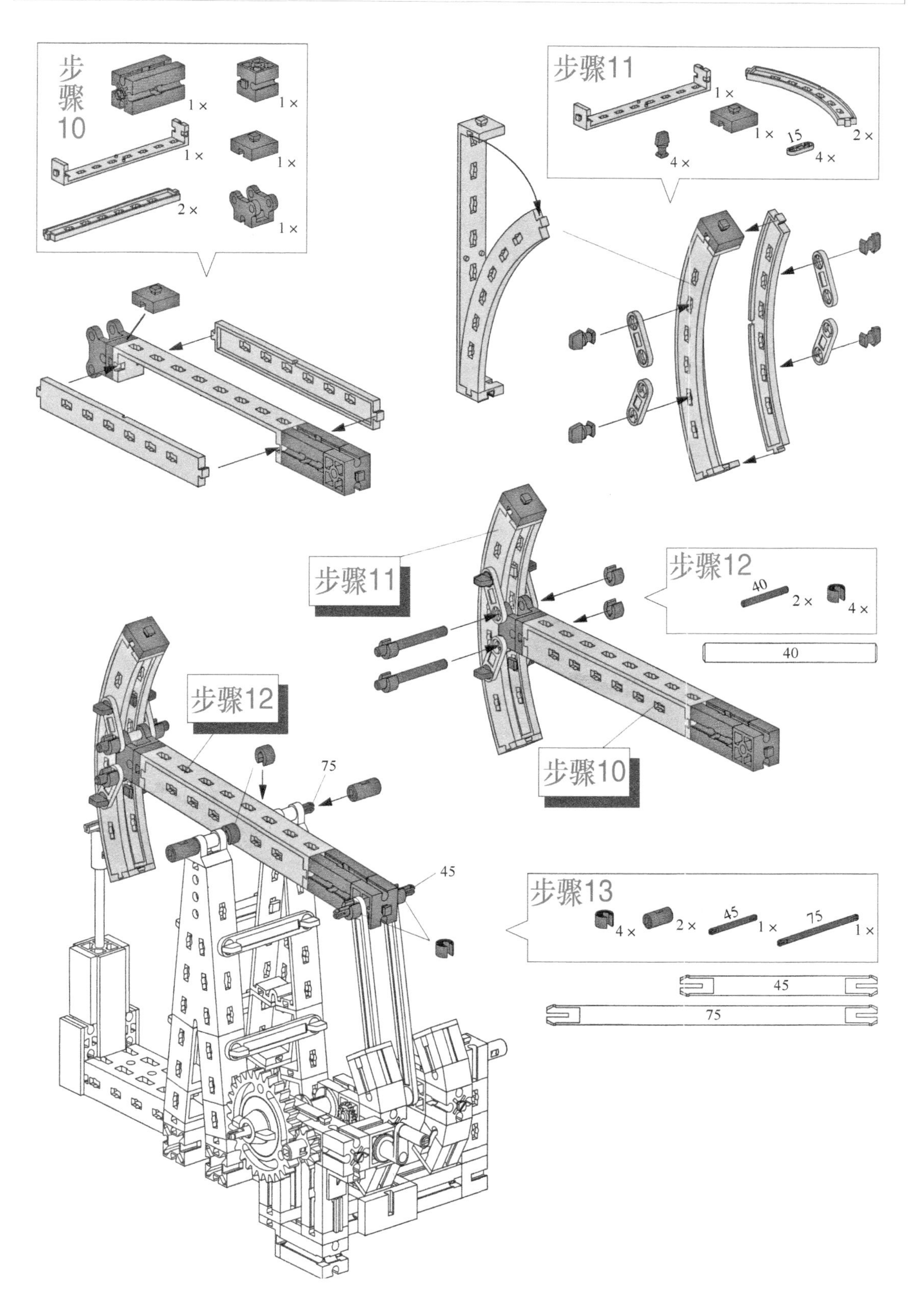
步骤10
1 ×
1 ×
1 ×
1 ×
2 ×
1 ×
步骤11
1 ×
2 ×
1 ×
15
4 ×
4 ×
步骤11
步骤12
40
2 ×
4 ×
40
步骤10
步骤12
75
45
步骤13
4 ×
2 ×
45
1 ×
75
1 ×
45
75

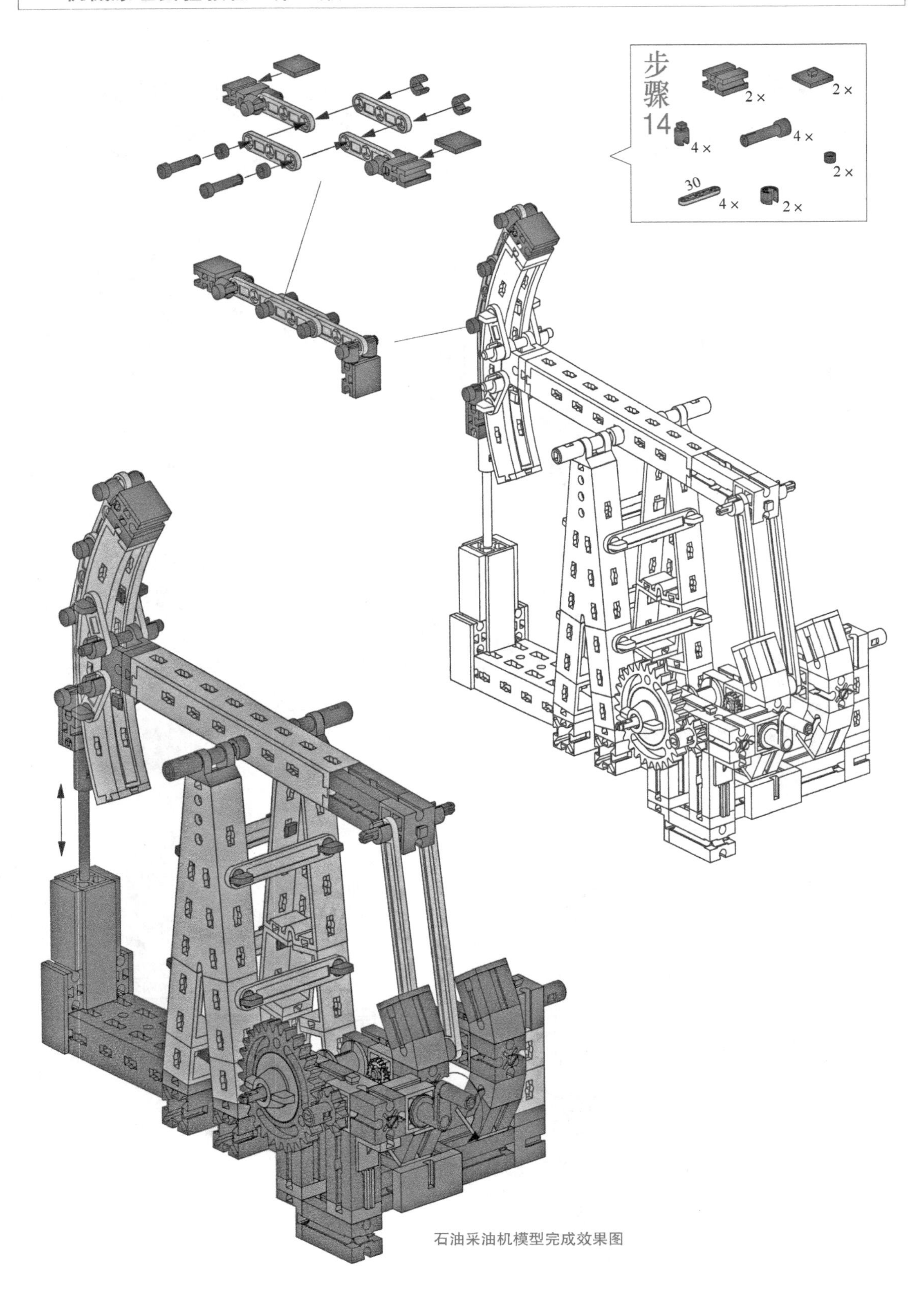

石油采油机模型完成效果图

6. 升降台

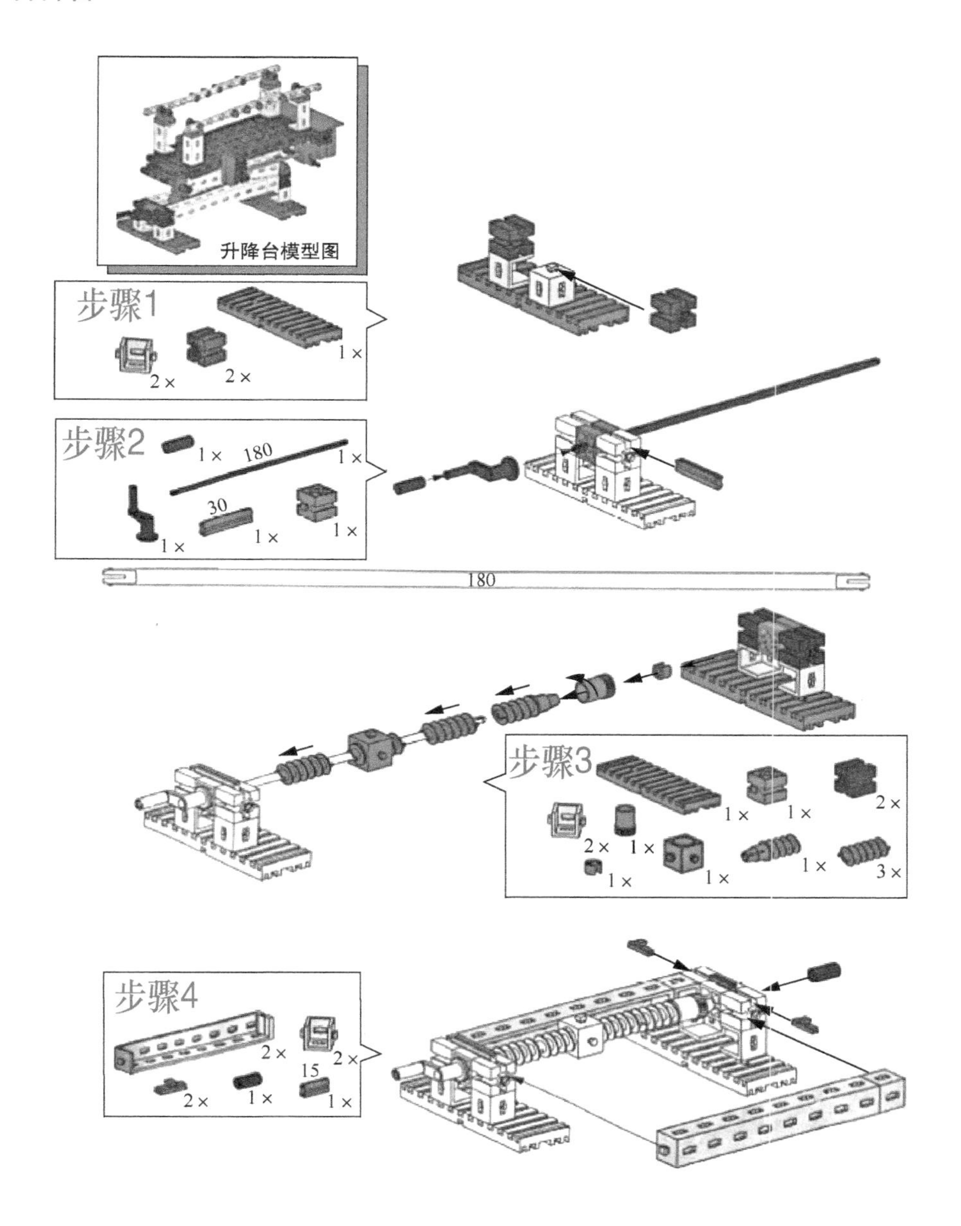
升降台模型图
步骤1
2×
2×
1×
步骤2
1×
180
1×
30
1×
1×
1×
180
步骤3
1×
1×
2×
2×
1×
1×
1×
1×
3×
步骤4
2×
2×
15
2×
1×
1×

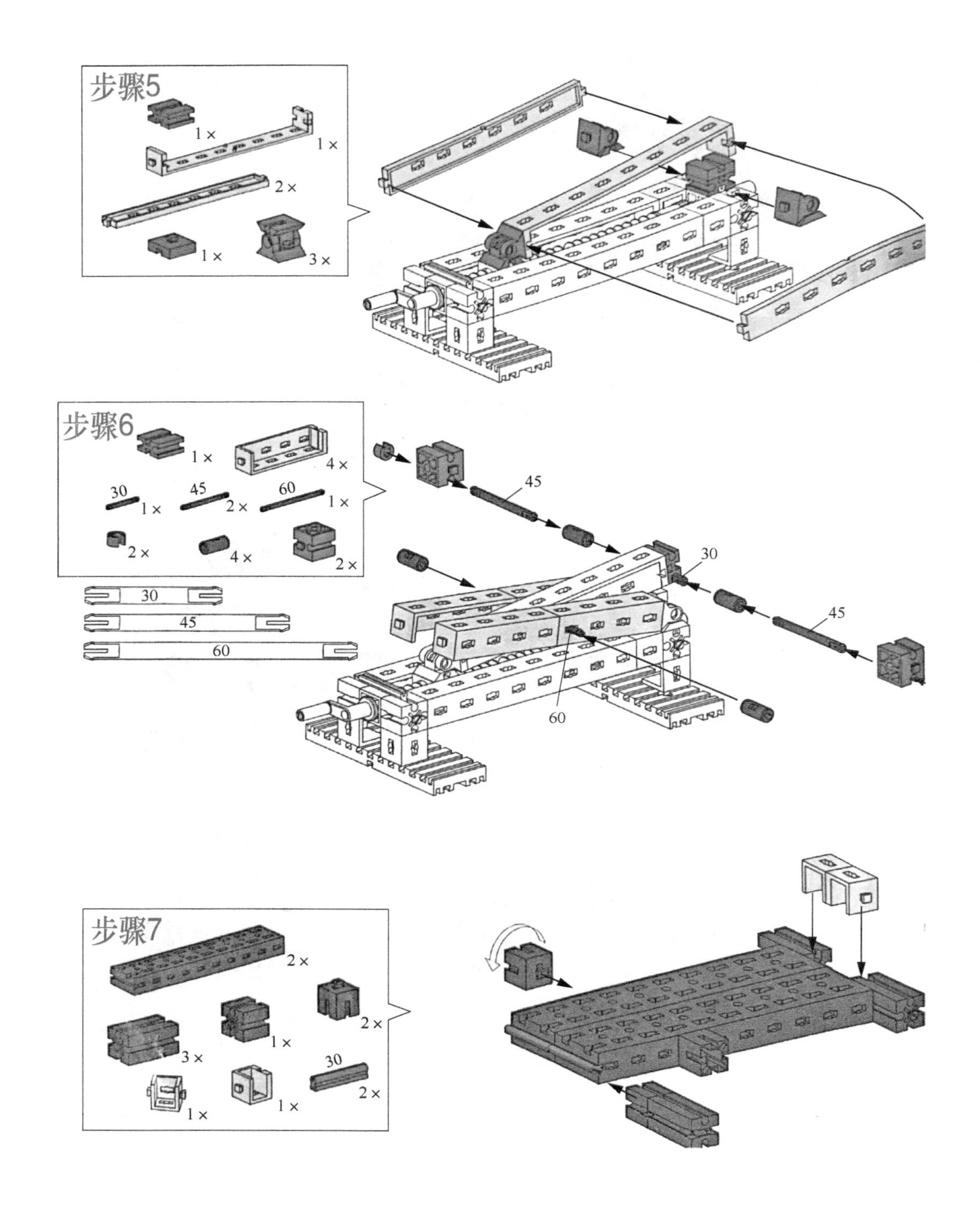
步骤5
1 ×
1 ×
2 ×
1 ×
3 ×
步骤6
1 ×
4 ×
30
1 ×
45
2 ×
60
1 ×
2 ×
4 ×
2 ×
30
45
60
45
30
45
60
步骤7
2 ×
2 ×
3 ×
1 ×
30
2 ×
1 ×
1 ×

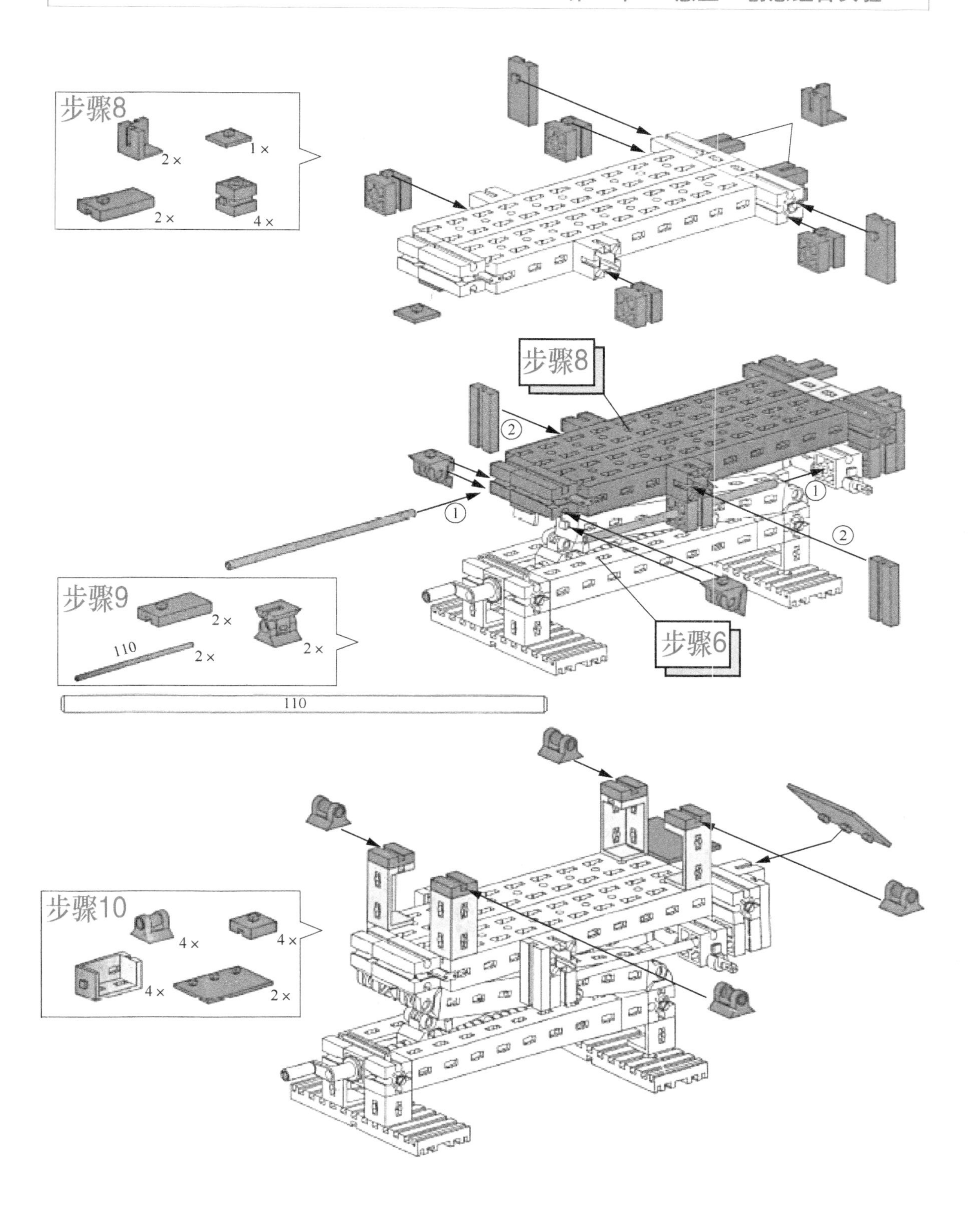
步骤8
2 ×
1 ×
2 ×
4 ×
步骤8
②
①
①
②
步骤6
步骤9
2 ×
110
2 ×
2 ×
110
步骤10
4 ×
4 ×
4 ×
2 ×

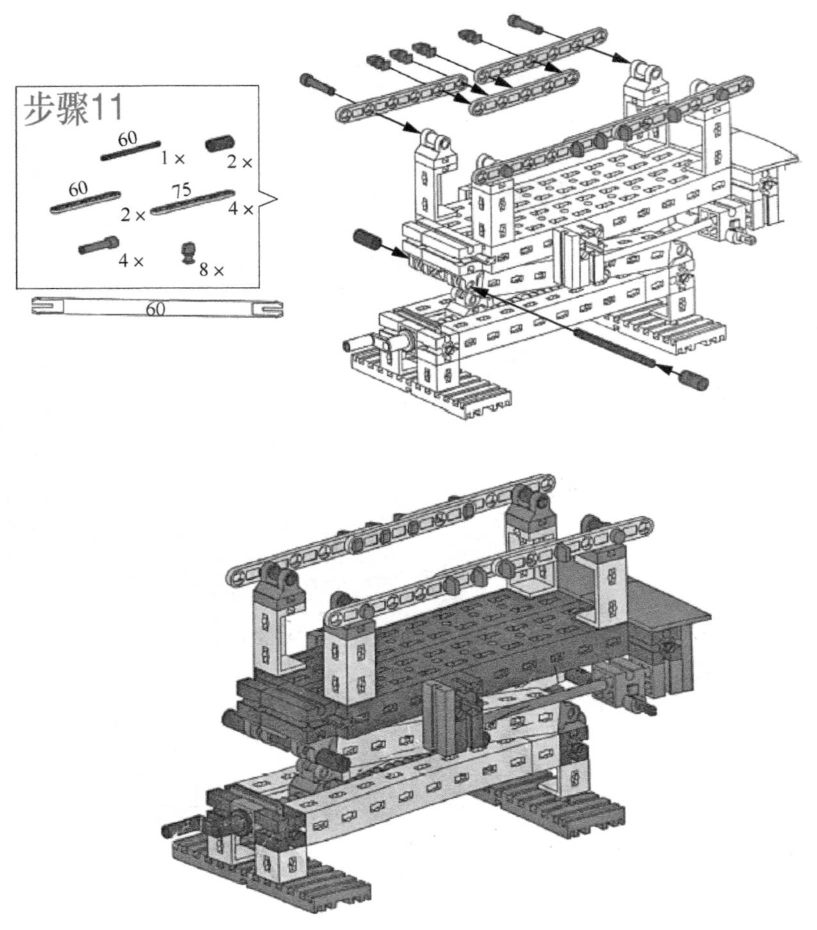

升降台模型完成效果图

十二、“慧鱼”创意组合实验报告

“慧鱼”创意组合实验报告

班　级：________ 学　号：________ 姓　名：________

同组者：________ 日　期：________ 成　绩：________

1. 实验目的

2. 构件清点情况

德国“慧鱼”创意组合模型构件清点情况表（样表）

实验台号：________ ____年____月____日

<table>
<tr><td rowspan="2">同组签名</td><td>班级</td><td></td><td></td><td></td><td></td><td></td><td></td></tr>
<tr><td>姓名</td><td></td><td></td><td></td><td></td><td></td><td></td></tr>
<tr><td rowspan="4">清点结果</td><td>是否正常？</td><td></td><td colspan="3">上组实验态度成绩（占实验成绩30%）</td><td colspan="2"></td></tr>
<tr><td>所缺货号</td><td colspan="6"></td></tr>
<tr><td>破损货号</td><td colspan="6"></td></tr>
<tr><td colspan="2">是否配缺或调换破损？</td><td colspan="5"></td></tr>
</table>

3. 你所搭建的模型名称、搭建步骤及步骤名称和所用构件数量

4. 模型中用到的机构名称和机构运动简图

5. 分析模型中所用机构的优、缺点，是否可以用其他机构代替

6. 实验心得与建议

参考文献

[1] 申永胜. 机械原理教程［M］. 3版. 北京：清华大学出版社，2015.
[2] 孙桓，陈作模. 机械原理［M］. 8版. 北京：高等教育出版社，2013.
[3] 郑文纬，吴克坚. 机械原理［M］. 7版. 北京：高等教育出版社，2018.
[4] 杨家军，程远雄. 机械原理教程［M］. 武汉：华中科技大学出版社，2019.
[5] 朱聘和，王庆九，汪九根，等. 机械原理与机械设计实验指导［M］. 杭州：浙江大学出版社，2010.
[6] 杨可桢，程光蕴，李仲生，等. 机械设计基础［M］. 7版. 北京：高等教育出版社，2013.
[7] 傅燕鸣. 机械原理与机械设计课程实验指导［M］. 2版. 上海：上海科学技术出版社，2017.
[8] 陆天炜，吴鹿鸣. 机械设计实验教程［M］. 成都：西南交通大学出版社，2007.
[9] 王洪欣，程志红，付顺玲. 机械原理与机械设计实验教程［M］. 南京：东南大学出版社，2008.
[10] 刘兰. 机械原理与机械设计实验指导［M］. 武汉：华中科技大学出版社，2020.
[11] 杨家军，张卫国. 机械设计基础［M］. 2版. 武汉：华中科技大学出版社，2014.
[12] 景维华，曹双. 机器人创新设计——基于慧鱼创意组合模型的机器人制作［M］. 北京：清华大学出版社，2014.

表 8-2 万用组合包零件清单

60°	31010 8 ×		31054 1 ×		31674 2 ×		31999 1 ×
30°	31011 6 ×		31058 4 ×		31690 4 ×		32064 9 ×
	31016 2 ×	15	31060 8 ×		31771 1 ×	7.5°	32071 4 ×
	31019 1 ×	30	31061 3 ×		31772 1 ×		32085 4 ×
	31020 1 ×		31124 1 ×		31848 6 ×		32316 2 ×
	31021 2 ×		31422 1 ×		31915 1 ×		32330 2 ×
	31022 1 ×		31426 5 ×		31918 1 ×		32850 7 ×
110	31031 2 ×		31436 11 ×		31982 10 ×		32854 2 ×
	31053 1 ×		31597 5 ×		31983 5 ×		32859 3 ×

（续）

	32869 1 ×		35054 2 ×		35071 1 ×		35945 6 ×
	32870 1 ×		35055 2 ×		35073 7 ×		35971 2 ×
	32879 6 ×	84.8	35058 2 ×		35076 10 ×		35972 1 ×
	32880 2 ×		35061 5 ×	75	35087 3 ×		35973 1 ×
	32881 10 ×		35062 2 ×		35088 2 ×		35977 1 ×
	32882 4 ×	30	35063 3 ×		35112 1 ×		35980 4 ×
	35031 4 ×	45	35064 4 ×		35113 1 ×		35981 4 ×
	35049 6 ×	60	35065 4 ×		35115 1 ×		36132 1 ×
	35051 4 ×	90	35066 4 ×		35694 1 ×		36227 8 ×
	35052 2 ×		35069 1 ×		35695 4 ×		36264 1 ×
	35053 4 ×		35070 1 ×		35797 6 ×		36294 2 ×

（续）

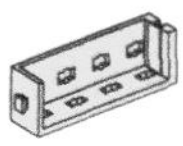	36297 8 ×	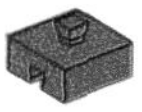	37237 8 ×		38240 6 ×	 60	38416 2 ×
	36298 8 ×		37238 4 ×		38241 4 ×		38423 8 ×
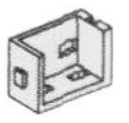	36299 4 ×		37468 8 ×		38242 3 ×		38428 4 ×
	36323 32 ×	 180	37527 1 ×		38245 3 ×		38446 1 ×
 63.6	36326 4 ×		37636 2 ×		38246 6 ×		38464 3 ×
	36327 4 ×		37679 10 ×		38248 6 ×	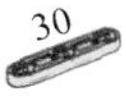 30	38538 4 ×
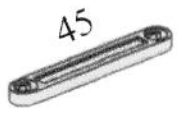 45	36328 4 ×		37858 1 ×		38253 4 ×	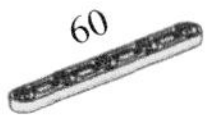 60	38540 2 ×
	36334 4 ×		37925 1 ×		38260 2 ×	 15	38544 4 ×
	36341 2 ×		37926 3 ×		38277 2 ×	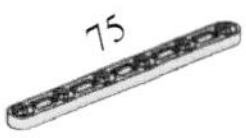 75	38545 4 ×
	36819 8 ×		38225 1 ×	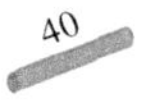 40	38414 4 ×